北京理工大学“双一流”建设精品出版工程

Analysis and Solutions of Thermal Physics Exercises

热学习题剖析与解答

吕勇军 李元昌 刘鹏 ◎ 编著

北京理工大学出版社
BEIJING INSTITUTE OF TECHNOLOGY PRESS

图书在版编目（CIP）数据

热学习题剖析与解答 / 吕勇军，李元昌，刘鹏编著.
北京：北京理工大学出版社，2025．1．
ISBN 978－7－5763－4626－8

Ⅰ．O551－44

中国国家版本馆 CIP 数据核字第 20246AL285 号

责任编辑：李颖颖　　**文案编辑**：李丁一
责任校对：周瑞红　　**责任印制**：李志强

出版发行 / 北京理工大学出版社有限责任公司
社　　址 / 北京市丰台区四合庄路 6 号
邮　　编 / 100070
电　　话 /（010）68944439（学术售后服务热线）
网　　址 / http://www. bitpress. com. cn

版 印 次 / 2025 年 1 月第 1 版第 1 次印刷
印　　刷 / 廊坊市印艺阁数字科技有限公司
开　　本 / 787 mm×1092 mm　1/16
印　　张 / 9. 5
字　　数 / 209 千字
定　　价 / 48. 00 元

编写说明

本书是编者参与编写的《热学》（第 1 版，北京理工大学出版社）配套的参考用书。书中包含了《热学》中全部习题的剖析与解答，同时编者还补充了一部分典型习题。这部分补充习题来源于两方面：一方面是作者平时课堂中选用的一些典型习题；另一方面是作者选编和修改了一些与热学相关的国外教材的习题，以及国外知名高校相关课程的习题与试题。这两部分习题基本涵盖了当前《热学》教学中的典型问题，既包括了基本题型，又有一部分习题具有一定深度且能够反映当前热物理领域的研究热点。书中习题的解析注重《热学》各个知识点物理内涵的分析和解题方法的梳理，希望对大家学习热学等相关课程有所帮助。

本书的编排在章节上与《热学》（第 1 版，北京理工大学出版社）保持一致。但是，每一章习题的编号不同，主要原因是作者将补充习题按照内容和原书的习题混编在一起，以便保持内容上的连贯。

本书在编写过程中得到了北京理工大学物理学院的大力支持。作者特别感谢姚裕贵、李军刚、邹健等教授所给予的关心和帮助，也感谢秦海蓉、杨昆等同学在习题的搜集和整理方面所做的工作。

由于编者水平有限，书中错误和不足之处在所难免，欢迎读者批评指正。

编　者

2024 年 3 月

目　录

第一章

热现象与热物理学

一、基本知识点

(一) 热力学与统计物理

热物理学是研究宏观物体的热运动以及与热运动有关的各种规律和性质的科学。按照研究方法和内容，热物理学可分为热力学和统计物理学两大分支。

1. 热力学

热力学是热物理学的宏观理论，它是从对热现象的大量的直接观察和试验测量所总结出来的普适的热力学三大定律出发，应用数学方法，通过逻辑推理及演绎，建立起来的关于热现象的宏观理论。

2. 统计物理学

统计物理学是热物理学的微观研究方法，它是从物质由大量分子、原子组成的前提出发，运用统计的方法建立的关于微观量与宏观量之间关系的理论。

热力学和统计物理学分别从宏观和微观角度研究热物理现象和规律，是热物理学研究的两种方法。两者自成独立的知识体系，同时相互间存在紧密的联系。

(二) 热力学系统与热力学平衡态

1. 热力学系统

热力学研究的对象称为热力学系统，它是由大量粒子（分子、原子等）组成的宏观物质集合。热力学系统根据它与外界环境发生相互作用的特征又可分为孤立系统、封闭系统和开放系统。

2. 热力学平衡态

在没有外界影响的条件下，热力学系统的宏观性质不随时间变化的状态称为热力学平衡态。这里的没有外界影响是指与外界既没有能量交换，又没有物质交换。判断热力学系统是否达到平衡的标准是看系统内部是否达到力学平衡、热平衡、化学平衡和相变平衡。学习过程中要把平衡态和稳定态区分开来。稳定态是指在外界环境的维持下，热力学系统的宏观性质不随时间变化的状态，例如在外界热库加持下物体中形成的稳定的温度梯度等。

（三）状态参量

在描述系统热现象的宏观物理量中，根据研究问题的性质选择其中的几个宏观量作为自变量，它们之间相互独立，而且其他的宏观量都可以表达为它们的函数。这些自变量能够完备地描述系统的平衡热力学状态，称为状态参量，其他的宏观量称为状态函数。

一般描述热力学系统的状态参量可从以下 4 类中寻找：几何参量、力学参量、化学参量和电磁学参量。

二、主要题型

（一）系统特征的判断

根据问题准确判断研究的热力学系统是孤立系统、封闭系统还是开放系统，解决问题的关键是要仔细甄别系统与外界之间的相互作用。

（二）系统状态的判断

分辨系统处于平衡态还是稳定态，其核心是判断外界对系统的影响作用。

（三）计算概率与方差

根据概率密度函数计算随机变量以及随机变量函数的平均值和方差。

三、习题

1.1 给花园安装一个水管，水管可视为一个系统。水从家中流入水管，给植物浇水。水管的入口速度等于出口速度。这个系统是开放系统还是封闭系统？

A. 封闭系统　　B. 需要更多已知条件　　C. 开放系统

【解】 C

开放系统，既有物质交换又有能量交换，故选 C。

1.2 下列哪项对于封闭系统的描述是不正确的？

A. 封闭系统中，热量和功可以跨越边界

B. 若物质进出系统的速率相等，则系统是封闭的

C. 封闭系统有势能

D. 封闭系统有动能

【解】 B

封闭系统有能量交换，无物质交换。

1.3 以下哪个是开放系统？

A. 一罐未开封的花生酱

B. 一个有盖子的水瓶

C. 一杯咖啡

D. 封闭式鱼缸

【解】 C

开放系统和外界有物质和能量的交换，故选 C。

1.4 有一间开着窗户的热室，如果热室温度遵循 $T(t)=72-0.25t$，那么这是稳态吗？

A. 视情况而定　　B. 是　　C. 不是

【解】 C

热力学平衡态需要同时满足以下 4 种平衡：热平衡，即系统中各部分的温度相同，系统内部不存在热的传递；力平衡，即系统中各部分的压强相同，系统内部没有不平衡的力，不存在物质的宏观流动；相平衡，即系统中各相的组成和数量保持不变；化学平衡，即化学反应平衡，系统中各物质的组成和数量不随时间变化。但是存在热流或粒子流的情况下，各处宏观状态均不随时间变化的状态称为稳恒态，也称稳态或定态。本题中由于开着窗户的热室和外界存在热流，温度随时间变化，不满足稳态，故选 C。

1.5 下面的方程式表示房间的温度。哪个房间被认为处于稳态？（T 为温度，t 为时间）

房间 1：$T=15+t$

房间 2：$T=20$

房间 3：$T=30-0.5\times t$

A. 房间 2　　B. 房间 3　　C. 房间 1　　D. 房间 1 和房间 3

【解】 A

在有热流或粒子流情况下，各处宏观状态均不随时间变化的状态称为稳态或定态。

1.6 强度量和广延量的区别是什么？

【解】

在热力学中通常把描写均匀系的状态参量分为两类：一类是与总质量成比例的参量，称为广延量，例如体积 V、表面积 S、应变 l、磁化强度 M 等；另一类是表示与总质量无关的物质的内在性质，称为强度量，如压强 p、表面张力 σ、应力 f、磁场强度 H 等。每一个广延量和它对应的强度量构成一对共轭变量，它们的乘积的量纲是能量的量纲。

1.7 热力学系统的比重定义为单位体积的质量。比重是强度量还是广延量？

【解】

比重表示物质的密度，是描述物质内部特征的物理量，与物质的质量无关，而与物质的状态有关。因此，比重是一个强度量。

1.8 一个热力学系统摩尔数是强度量还是广延量？

【解】

摩尔数是一个广延量。摩尔数是物质的数量单位，它表示一个热力学系统中物质的数量，与物质的内部状态无关，因此属于广延量。

1.9 孤立房间的空气的状态是否完全由温度和压强来确定？试说明原因。

【解】

孤立房间中的空气状态可以用理想气体状态方程来描述：$pV = nRT$。式中，p 为气体的压强；V 为气体的体积；n 为气体的摩尔数；R 为气体常数；T 为气体的温度。在孤立系统中，n 和 R 是确定的，当温度和压强发生变化时，气体的体积也会发生变化，因此气体的状态可以通过温度和压强来确定。

1.10 假设我们从高度为 h 的悬崖上丢下一块石头，让它竖直下落。当石头下落时，以随机的时间间隔，我们拍取了 100 万张照片。在每一张照片上我们测量石头已经落下的距离。问：

（1）所有这些距离的平均值是多少？即下降距离的平均时间是多少？

（2）求出分布的标准方差。

（3）随机拍摄一张照片其显示距离 x 比平均值差一个标准差以上的概率是多少？

【解】

（1）经过时间 t，石头的下落距离为 $x(t) = \frac{1}{2}gt^2$，即 $gt = \sqrt{2xg}$。运动的速度是 $\mathrm{d}x/\mathrm{d}t = gt$，总的运动时间 $t_{\text{tot}} = \sqrt{2h/g}$。

假设摄像机在时间区间 $\mathrm{d}t$ 内拍摄了 $\mathrm{d}N$ 张照片，总共拍了 $N = 10^6$ 张照片，则在 $\mathrm{d}t$ 时间间隔内拍摄照片的概率是 $\mathrm{d}N/N$。由于拍摄是在随机的时间间隔进行，因此 $\mathrm{d}N \propto \mathrm{d}t$，于是

$$\frac{\mathrm{d}N}{N} = \frac{\mathrm{d}t}{t_{\text{tot}}} = \frac{\mathrm{d}x}{t_{\text{tot}}gt} = \frac{\mathrm{d}x}{2\sqrt{xh}}$$

由上式可知在下降距离 x 定义的空间中，拍摄照片的概率为 $f(x) = \frac{1}{2\sqrt{xh}}$，则平均距离为

$$\langle x \rangle = \int_0^h \frac{x\mathrm{d}x}{2\sqrt{xh}} = \frac{h}{3}$$

（2）下降距离的方均值为

$$\langle x^2 \rangle = \int_0^h x^2 f\langle x \rangle \mathrm{d}x = \frac{h^2}{5}$$

故标准方差为

$$\sigma_x = \sqrt{\langle x^2 \rangle - \langle x \rangle^2} = \frac{6\sqrt{5}}{45}h$$

（3）距平均值为一个标准差的上下限位置为

$$x_+ = \langle x \rangle + \sigma_x = \frac{h}{3} + \frac{6\sqrt{5}}{45}h$$

$$x_- = \langle x \rangle - \sigma_x = \frac{h}{3} - \frac{6\sqrt{5}}{45}h$$

故随机拍摄一张照片，其显示距离比平均值差一个标准差以上的概率是

$$P(x\langle x \rangle + \sigma_x; x < \langle x \rangle - \sigma_x) = 1 - \int_{x_-}^{x_+} f(x)\,\mathrm{d}x = 0.393$$

第二章

热力学第零定律和温度

一、基本知识点

（一）热力学第零定律与温度

1. 热力学第零定律

如果两个物体各自与第三个物体达到热平衡，它们彼此也处在热平衡，这个经验事实称为热力学第零定律或者热平衡定律。这里注意需要区别热力学平衡态和处于热平衡的热力学系统。

2. 温度

彼此处于热平衡的所有热力学系统，都具有某种相同的热力学宏观性质，该宏观性质可用一个状态参量来表征，称为温度。换言之，温度是决定系统与外界是否处于热平衡的宏观性质，一切处于热平衡的系统都具有相同的温度。

（二）温标

温标是温度的数值表示法，是一套用来标定温度数值的规则。温标通常包括两类：经验温标和热力学温标。

1. 经验温标

以某种物质（测温物质）的某一特征（测温特征）随冷热程度的变化为依据而确定的温标称为经验温标。

建立经验温标的 3 要素：

（1）选择某种物质之某一随温度作单调、显著变化的属性，作为测温属性；

（2）规定测温属性随温度变化的函数关系；

（3）选择一个易于复现的热力学状态作为温度的固定点，以确定函数关系中的待定系数。

摄氏温标与华氏温标都是经验温标。

摄氏温标一般选液体（如水银、酒精、甲苯等）的体积为测度属性，规定测温函数关系 $t = aX + b$，温度固定点规定为水的冰点和汽化点温度数值，分别为 0 和 100。

华氏温标（符号为℉）规定：在标准大气压下，冰的熔点为 32℉，水的沸点为

212 ℉，中间有 180 等份，每等份为 1℉。

摄氏温度和华氏温度的转换关系是℃ $=\frac{5}{9}$(℉ −32)。

理想气体温标：理想气体温标是以气体开尔文温标为基础而建立起来的，是一种在气体测温质压强趋于零的极限情况下的气体温标。理想气体温标定出的温度 T 与用定容或定压气体温标定出的温度 $T(p)$ 或 $T(V)$ 之间的关系为

$$T=273.16\times\lim_{p_{tr}\to 0}\frac{p}{p_{tr}}=273.16\times\lim_{p_{tr}\to 0}\frac{V}{V_{tr}}$$

p_{tr} 和 V_{tr} 分别是水的三相点处的压强与体积，这里选水的三相点为固定点。摄氏温标和理想气体温标之间的关系为

$$t(℃)=T(\mathrm{K})-273.15$$

2. 热力学温标

热力学温标是在热力学第二定律的基础上建立起来的温标，它完全不依赖于任何测温物质及其物理属性，即脱离开经验温标的范畴，是一种理想化的理论温标。在理想气体温标适用的范围内，热力学温标与理想气体温标是一致的。

(三) 理想气体的状态方程

1. 系统的状态方程

平衡态下的一均匀热力学系统的温度其状态参量与温度之间的函数关系叫该系统的状态方程或物态方程。注意，这里的温度是作为状态参量的温度而不是某一温标下的温度数值。若描述系统的一般状态参量为（x_1，x_2，…，x_n），状态方程为 $T=(x_1,x_2,\cdots,x_n)$ 或 $F(x_1,x_2,\cdots,x_n,T)=0$。

与状态方程有紧密联系的 3 个系数：等压体膨胀系数 α、压强系数 β 和等温压缩系数 χ，即

$$\alpha\equiv\frac{1}{V}\left(\frac{\partial V}{\partial T}\right)_p;\ \beta\equiv\frac{1}{p}\left(\frac{\partial p}{\partial T}\right)_V;\ \chi\equiv-\frac{1}{V}\left(\frac{\partial V}{\partial p}\right)_T$$

2. 理想气体的状态方程

在玻意耳—马略特定律、阿伏伽德罗定律及理想气体温标定义的基础上推导出理想气体的状态方程为

$$pV=\nu RT$$

3. 混合理想气体状态方程

混合理想气体满足道尔顿分压定律，即混合气体的压强等于各个成分气体的分压强之和，在此基础之上得到混合理想气体状态方程为

$$pV=\frac{M}{\bar{\mu}}RT$$

式中，M 为混合气体的总质量；$\bar{\mu}$ 为混合气体的摩尔质量。

(四) 实际气体的状态方程

(1) 关于实际气体的状态方程，我们重点学习了范德瓦尔斯状态方程，即

$$\left[p+\left(\frac{m}{M_m}\right)^2\cdot\left(\frac{a}{V^2}\right)\right]\left[V-\left(\frac{m}{M_m}\right)b\right]=\frac{m}{M_m}RT$$

式中，m 和 M_m 分别为气体的质量和摩尔质量。

（2）对于固体或液体的状态方程较为复杂。一般对于处于平衡态的纯固态或液态系统，在没有外界作用的情况下，只需要两个状态参量，状态方程可借助 3 个试验测定的系数表示为

$$\frac{\mathrm{d}V}{V}=\alpha\mathrm{d}T-\chi\mathrm{d}p;\ \frac{\mathrm{d}p}{p}=\beta\mathrm{d}T-\frac{1}{\chi pV}\mathrm{d}V$$

二、主要题型

（一）经验温标的建立

根据题意确定某种经验温标的函数关系，解决该问题的核心是明晰测温属性以及固定点的选取，通过求解方程确定函数关系式。如果该经验温标的测温属性与摄氏温标的测温属性不相同，则可以借助状态方程建立起该经验温标与摄氏温标之间的函数关系。

（二）理想气体状态方程问题

根据理想气体状态方程求解系统某个状态下的温度或压强等热力学状态参量。本章涉及的系统一般是封闭系统，即系统的物质的量是常数。在此前提下，判断系统初、末态状态参量的变化，利用理想气体状态方程求解未知状态参量。

（三）α、β 和 χ 3 个系数和状态方程的问题

一是已知状态方程求 3 个系数，这需要熟练掌握状态参量的全微分形式及其运算。

二是已知 α、β 和 χ 3 个系数中的任意两个，求状态方程。建立起包含 α、β 和 χ 3 个系数任意两个的状态方程的全微分形式后，通过积分可求出状态方程。

（四）混合气体的压强

利用道尔顿分压定律和理想气体状态方程可求解各个组分气体的分压强。

三、习题

2.1 定体气体温度计的测温泡浸在水的三相点槽内时，其中气体的压强为 6.7×10^3 Pa。

（1）用温度计测量 300 K 的温度时，气体的压强是多少？

（2）当气体的压强为 9.1×10^3 Pa 时，待测温度是多少？

【解】

根据定体气体温标

$$T(p)=273.16\times\frac{p}{p_{tr}}$$

(1) $p=\frac{p_{tr}T_1}{273.16}=\left(\frac{6\,700\times300}{273.16}\right)=7.36\times10^3(\text{Pa})$

(2) $T(p)=273.16\times\frac{9\,100}{p_{tr}}=371(\text{K})$

2.2　一位科学家发明了一种温标，使水在 −75 °E 结冰，在 325 °E 沸腾，找出°E 温度和℃温度之间的线性关系式。

【解】

在°E 温标下水的沸点和冰点之间的温度变化为

$$\Delta T_E=325-(-75)=400(°\text{E})$$

在℃温标下水的沸点和冰点之间的温度变化为

$$\Delta T_C=100-0=100(℃)$$

这两个量的比率为

$$\frac{\Delta T_E}{\Delta T_C}=\frac{400}{100}=4$$

这个比率在任何其他两种温度之间都是一样的，比如，从冰点到一个未知的最终温度。令两个比率相等，即

$$\frac{\Delta T_E}{\Delta T_C}=\frac{T_E-(-75)}{T_C-0}=4$$

得 $T_E=4T_C-75$。

2.3　一个小男孩发现了一个塞了木塞的瓶子，里面装着一封信。瓶中的空气与大气压平衡，温度为 303 K。软木塞的横截面积为 $(2.30\times10^{-4})\text{m}^2$。小男孩把瓶子放在火上，认为压强增加会把软木塞弹出。最终，在温度达到 372 K 时，木塞从瓶中弹出。

(1) 瓶塞弹出之前，瓶子里的压强是多少？

(2) 此时摩擦力有多大？

【解】

(1) 根据理想气体状态方程有

$$\frac{p_fV}{p_iV}=\frac{\nu RT_f}{\nu RT_i}$$

式中，p_f、T_f 分别为瓶塞离开瓶子之前的压强和温度；p_i、T_i 分别为初始压强和温度。故

$$\frac{p_f}{p_i}=\frac{T_f}{T_i}\longrightarrow p_f=p_i\frac{T_f}{T_i}$$

代入已知值，得到最终压强，即

$$p_f=1.01\times10^5\times\frac{372}{303}=1.24\times10^5(\text{Pa})$$

（2）根据牛顿第三定律，木塞瓶内一侧所受的力等于瓶外一侧所受的力。p_{in}是瓶内的压力，$p_{in}=1.24\times10^5$ Pa；p_{out}是瓶外的压力，$p_{out}=1.01\times10^5$ Pa；A 为软木塞的横截面积，此时摩擦力为

$$\begin{aligned}F_{friction}&=(p_{in}-p_{out})A\\&=(1.24\times10^5-1.01\times10^5)\times2.30\times10^{-4}\\&=5.29(\mathrm{N})\end{aligned}$$

2.4 给气压低的篮球加满气。它最初的表压强是 6 psi(1 psi = 6 895 Pa)，把它充气到 7 psi。球的体积是 0.007 m^3，假设球的体积在充气时保持不变。球内空气的初始质量是多少？充气后的质量是多少？假设球内空气的环境温度是 298 K 并且理想气体关系对球内空气成立。

【解】

由于绝对压强 = 表压强 + 大气压强，初始时绝对压强为 $6\times6\ 895+1.01\times10^5$ Pa，充气后的绝对压强为 $7\times6\ 895+1.01\times10^5$ Pa。根据理想气体方程有

$$\nu=\frac{pV}{RT}=\frac{(6\times6\ 895+1.01\times10^5)\times7\times10^{-3}}{8.314\times298}(\mathrm{mol})$$

空气摩尔质量为 29 g/mol，所以初始质量为 11.7 g。

充气后的质量为

$$\frac{(7\times6\ 895+1.01\times10^5)\times7\times10^{-3}\times29}{8.314\times298}=12.2(\mathrm{g})$$

2.5 生活中，体积为 V_0 的气球充以温度为 15 ℃的氢气。当温度升高到 37 ℃时，维持其气压 p 和 V_0 不变，气球中多余的氢跑掉了，而使其重量减轻了 0.052 kg，求 V_0。

【解】

由题意得

$$T_0=288\ \mathrm{K},\ T_1=310\ \mathrm{K},\ p=1.013\times10^5\ \mathrm{Pa}$$

根据理想气体状态方程得

$$pV_0=\nu_0RT_0,\ pV_0=\nu_1RT_1 \tag{1}$$

由于气球在升温过程中，其质量减轻了 0.052 kg，因此

$$(\nu_0-\nu_1)\times M=0.052\ \mathrm{kg} \tag{2}$$

式中，M 为氢气的摩尔质量，值为 2 g/mol。联立式（1）和式（2）得 $\nu_0=366$ mol，$\nu_1=340$ mol。

将 $\nu_0=366$ mol 代入式（1）得

$$V_0=\frac{\nu_0RT_0}{p}=\frac{366\times8.31\times288}{1.013\times10^5}=8.6\ (\mathrm{m}^3)$$

2.6 设有 A、B 和 C 3 个气体系统，当 A 和 C 处于热平衡时，满足方程

$$p_AV_A-nap_A-p_CV_C=0$$

当 B 和 C 处于热平衡时，满足方程

$$p_BV_B-p_CV_C+\frac{nbp_CV_C}{V_B}=0$$

式中，n、a 和 b 均为常数。试根据热力学第零定律，求：

（1）各系统的状态方程。

（2）当 A 和 B 处于热平衡时满足的关系式。

【解】

（1）由热力学第零定律可得，当系统 A 和 B 分别与 C 处于热平衡时，A、B 也处于热平衡状态，3 个系统具有一个共同的状态参量——温度。由题中给出的两个方程可得

$$p_{\mathrm{C}}V_{\mathrm{C}}=p_{\mathrm{A}}V_{\mathrm{A}}-nap_{\mathrm{A}}$$

$$p_{\mathrm{C}}V_{\mathrm{C}}=\frac{p_{\mathrm{B}}V_{\mathrm{B}}}{1-\frac{nb}{V_{\mathrm{B}}}}$$

由上面二式可以看出，方程式右边与 C 无关，只与 A 或 B 系统的状态有关；同理，$p_{\mathrm{C}}V_{\mathrm{C}}$ 也只与 C 系统的状态有关，因此，系统 A、B 和 C 的状态方程分别为

$$p_{\mathrm{A}}(V_{\mathrm{A}}-na)=f(T_{\mathrm{A}})$$

$$\frac{p_{\mathrm{B}}V_{\mathrm{B}}}{1-\frac{nb}{V_B}}=f(T_{\mathrm{B}})$$

$$p_{\mathrm{C}}V_{\mathrm{C}}=f(T_{\mathrm{C}})$$

式中，$f(T)$ 可以是系统温度 T 的某个函数，其具体形式与所取的温标有关。

（2）若 A、B 两系统处于热平衡时，$f(T_{\mathrm{A}})=f(T_{\mathrm{B}})$，因此满足关系式

$$p_{\mathrm{A}}(V_{\mathrm{A}}-na)=\frac{p_{\mathrm{B}}V_{\mathrm{B}}}{1-\frac{nb}{V_{\mathrm{B}}}}$$

或

$$p_{\mathrm{A}}(V_{\mathrm{A}}-na)\left(1-\frac{nb}{V_{\mathrm{B}}}\right)=p_{\mathrm{B}}V_{\mathrm{B}}$$

2.7　两种不同成分的材质导体组成闭合回路，当两端存在温度梯度时，回路中就会有电流通过，此时两端之间就存在热电动势。由这个原理制作的测温器件叫热电偶。当热电偶的两个触点处于不同的温度时，会产生热电动势 ε。当热电偶的一个触点保持在冰点温度，另一个触点保持摄氏温度 t 时，测温函数 $\varepsilon=at+bt^2$，式中 ε 的单位是 mV。当热电偶在 200 ℃时读数为 60 mV，在 400 ℃时读数为 40 mV，计算常数 a 和 b。读数为 30 mV 时对应的温度是多少？

【解】

根据测温函数 $\varepsilon=at+bt^2$，可得

$$\begin{cases}60=200a+200^2b\\40=400a+400^2b\end{cases}$$

联立方程求得 $a=0.5$、$b=-0.001$。

当读数为 30 mV 时，$30=0.5t-0.001t^2$，解得 t 为 430 ℃。

2.8　当热电偶一个触点保持在冰点，另一个触点保持在任一摄氏温度 t 时，其热

电动势由下式确定：

$$\varepsilon = \alpha t + \beta t^2$$

式中，ε 为测温属性；$\alpha = 0.20$ mV/℃，$\beta = -5.0 \times 10^{-4}$ mV/℃^{2}。温标 t^* 定义：$t^* = a\varepsilon + b$；并规定冰点 $t^* = 0°$，汽点 $t^* = 100$ ℃，求出当 $t = -100$ ℃、200 ℃、300 ℃、400 ℃、500 ℃时对应的 t^* 值。

【解】

冰点 $t_冰 = 0$ ℃，汽点 $t_汽 = 100$ ℃，将其代入 $\varepsilon = \alpha t + \beta t^2$，得

$$\varepsilon_冰 = \alpha t_冰 + \beta t_冰^2 = 0$$

$$\varepsilon_汽 = \alpha t_汽 + \beta t_汽^2 = 0.20 \times 100 + (-5.0 \times 10^{-4}) \times 100^2 = 15(\text{mV})$$

将冰点 $t^* = 0°$和汽点 $t^* = 100°$分别代入 $t^* = a\varepsilon + b$，得

$$0 = a \times 0 + b$$

$$100 = a \times 15 + b$$

解得

$$a = \frac{20}{3},\ b = 0$$

因此

$$t^* = \frac{20}{3}\varepsilon$$

将给定的温度值代入 $\varepsilon = \alpha t + \beta t^2$ 中，求出相应的热电动势 ε，然后再代入上式，求解温标 t^* 的值，结果如下：

当 $t_1 = -100$ ℃时，

$$\varepsilon_1 = 0.2 \times (-100) + (-5.0 \times 10^{-4}) \times (-100)^2 = -25(\text{mV})$$

因此，

$$t_1^* = \frac{20}{3} \times (-25) = -\frac{500}{3} \approx 166.7(℃)$$

当 $t_2 = 200$ ℃时，

$$\varepsilon_2 = 0.2 \times 200 + (-5.0 \times 10^{-4}) \times 200^2 = 20(\text{mV})$$

因此，

$$t_2^* = \frac{20}{3} \times 20 = \frac{400}{3} \approx 133.3(℃)$$

当 $t_3 = 300$ ℃时，

$$\varepsilon_3 = 0.2 \times 300 + (-5.0 \times 10^{-4}) \times 300^2 = 15(\text{mV})$$

因此，

$$t_3^* = \frac{20}{3} \times 15 = 100(℃)$$

当 $t_4 = 400$ ℃时，

$$\varepsilon_4 = 0.2 \times 400 + (-5.0 \times 10^{-4}) \times 400^2 = 0(\text{mV})$$

因此，

$$t_4^* = \frac{20}{3} \times 0 = 0(℃)$$

当 $t_5 = 500$ ℃时，

$$\varepsilon_5 = 0.2 \times 500 + (-5.0 \times 10^{-4}) \times 500^2 = -25(\text{mV})$$

因此，

$$t_5^* = \frac{20}{3} \times (-25) = -\frac{500}{3} \approx -166.7(℃)$$

综上所述，当 $t = -100$ ℃、200 ℃、300 ℃、400 ℃和 500 ℃时，对应的 t^* 值分别是 -166.7 ℃、133.3 ℃、100.0 ℃、0 ℃和 -166.7 ℃。

2.9　设某一物质在恒压下的物态方程由实验定为下列形式：$V = V_0(1 + at + bt^2)$，t 是摄氏温标下的温度值。若用此物质为定压温度计，求它所定的温标 θ 与 t 的关系（假设冰点为 $\theta = 0$，汽点为 $\theta = 100$，而且在这两点之间采用线性关系）。

【解】

冰点时：

$$t = 0,\ V = V_0$$

汽点时：

$$t = 100,\ V = V_0\ (1 + 100a + 100^2 b)$$

根据 θ 温标的函数关系 $\theta = AV + B$，

$$\begin{cases} 0 = AV_0 + B \\ 100 = A[V_0(1 + 100a + 100^2 b)] + B \end{cases}$$

可以求出

$$A = 1/[V_0(a + 100b)]$$

$$B = -1/(a + 100b)$$

将 A 和 B 代入 θ 温标的函数关系，得

$$\theta = \frac{V}{V_0(a + 100b)} - \frac{V_0}{V_0(a + 100b)}$$

将体积与摄氏温标之间的函数关系 $V = V_0(1 + at + bt^2)$ 代入上式，可以得到 θ 温标与摄氏温标之间的关系，即

$$\theta = \frac{at + bt^2}{a + 100b}$$

2.10　道尔顿温标。道尔顿提出一种温标：规定在给定的压强下，理想气体体积的相对增量正比于温度的增量，采用在标准大气压时水的冰点温度为 0 ℃，沸点的温度为 100 ℃。试用摄氏度 t 来表示道尔顿温标的温度 τ。

【解】

设理想气体的压强一定时，其体积的相对增量为 $\mathrm{d}V/V$，温度的增量为 $\mathrm{d}\tau$，比例系数为 α，则根据道尔顿的温标定义，得

$$\frac{\mathrm{d}V}{V} = \alpha \mathrm{d}\tau$$

考虑到温度 $\tau=\tau_0$ 时，气体的体积为 V_0；温度为 τ 时，气体的体积为 V。求解上述方程，得

$$\ln\frac{V}{V_0}=\alpha(\tau-\tau_0)$$

压强一定时，根据理想气体状态方程，有

$$\frac{V}{V_0}=\frac{T}{T_0}=\frac{t+273.15}{t_0+273.15}$$

代入上式，因此，道尔顿温度与摄氏温度的关系为

$$\ln\left(\frac{t+273.15}{t_0+273.15}\right)=\alpha(\tau-\tau_0)$$

考虑到在水的冰点和沸点下两个温标的温度数值分别为 $\tau_0=0$，$\tau=100$；$t_0=0$，$t=100$，代入后上式可得比例系数

$$\alpha=\frac{1}{100}\ln\left(\frac{373.15}{273.15}\right)\approx\frac{1}{320.55}$$

因此，道尔顿温度 τ 和摄氏温度 t 之间的关系最终可以写为

$$\tau=320.55\ln\left(1+\frac{t}{273.15}\right)$$

2.11 IST90 规定：用于 13.803 K（平衡氢的三相点）到 961.78 ℃（银在 0.101 MPa 下的凝固点）的标准测量仪器是铂电阻温度计。设铂电阻在 0 ℃及温度为 t 时电阻的值分别为 R_0 及 $R(t)$，定义 $W(t)=R(t)/R_0$，且在不同测温区内 $W(t)$ 对 t 的函数关系是不同的，在上述测温范围，$W(t)=1+At+Bt^2$。若在 0.101 MPa 下，对应冰的熔点、水的沸点、硫的沸点（温度为 444.67 ℃）电阻的阻值分别为 11.000 Ω、15.247 Ω、28.887 Ω，试确定上式中的常量 A 和 B。

【解】

根据铂电阻温度计测温关系式 $W(t)=1+At+Bt^2$，可列出在冰的熔点（0 ℃），水的沸点（100 ℃），硫的沸点（444.67 ℃）温度下的电阻值为

$$\begin{cases}\dfrac{11}{R_0}=1\\[2mm]\dfrac{15.247}{R_0}=1+100A+100^2B\\[2mm]\dfrac{28.887}{R_0}=1+444.67A+444.67^2B\end{cases}$$

解得：$R_0=11\ \Omega$，$A=3.92\times10^{-3}$，$B=-5.90\times10^{-7}$。

2.12 在什么温度下，下列一对温标给出相同的读数（如果有的话）：

（1）华氏温标和摄氏温标；

（2）华氏温标和热力学温标；

（3）摄氏温标和热力学温标。

【解】

（1）华氏温标（t_F）测温数值与摄氏温标（t）测温数值有如下关系：

$$t_{\mathrm{F}}=32+\frac{9}{5}t \tag{1}$$

当 $t_{\mathrm{F}}=32+\frac{9}{5}t$ 时，即 $t=-40$ ℃时，华氏温标和摄氏温标具有相同的读数。

（2）热力学温标（T）和摄氏度温标（t）读数具有以下关系：

$$T(\mathrm{K})=273.15+t(℃) \tag{2}$$

将式（2）代入式（1），得

$$32+\frac{9}{5}t=273.15+t \tag{3}$$

解得，当 $t=301.44$ ℃，$T=574.59$ K，$t_F=547.59$ ℉时，华氏温标和热力学温标具有相同的读数。

（3）若摄氏温标和热力学温标存在相同的读数，则有 $t(℃)=T(\mathrm{K})=273.15+t(℃)$，该方程无解，所以摄氏温标和热力学温标不存在相同的读数。

2.13　目前可获得的极限真空度为 1.00×10^{-18} atm。求在此真空度下 1 cm³ 空气内平均有多少个分子？设温度为 20 ℃。

【解】

根据理想气体状态方程 $p=nk_BT$，

$$n=\frac{p}{k_BT}=\frac{1.0\times10^{-18}\times1.01\times10^5}{1.38\times10^{-23}\times293.15}=25(\mathrm{cm}^{-3})$$

因此，在此真空度下 1 cm³ 空气内平均有 25 个分子。

2.14　试求氧气在压强为 0.1 MPa、温度为 27 ℃时的密度。

【解】

根据理想气体状态方程

$$pV=\nu RT=\frac{m}{M}RT$$

式中，m 为氧气总质量；M 为氧气的摩尔质量。

且有密度 $\rho=\frac{m}{V}$，将此公式与理想气体状态方程联立，有

$$\rho=\frac{pM}{RT}=\frac{0.1\times10^6\times0.032}{8.31\times300}=1.28(\mathrm{kg/m^3})$$

2.15　“火星探路者”航天器发回的 1997 年 7 月 26 日火星表面白天天气情况是：气压为 6.71 mbar（$1\ \mathrm{bar}=10^5$ Pa），温度为 -13.3 ℃，这时火星表面 1 cm³ 内平均有多少个分子？

【解】

根据题意，火星表面的气压

$$p=6.71\times10^{-3}\times10^5=671\ (\mathrm{Pa})$$

温度

$$T=273.15+(-13.3)=259.85(\mathrm{K})$$

根据理想气体状态方程 $p=nk_BT$，

$$n=\frac{p}{k_BT}=\frac{671}{1.38\times10^{-23}\times259.85}=1.87\times10^{17}(\mathrm{cm}^3)$$

即火星表面 1 cm^3 内平均有 1.87×10^{17} 个分子。

2.16 星际空间氢云内的氢原子数密度可达 $10^{10}\ \mathrm{m}^3$，温度可达 10^4 K，求氢云内的压强。

【解】

根据理想气体状态方程 $p=nk_BT$，云内压强为

$$p=10^{10}\times1.38\times10^{-23}\times10^4=1.38\times10^{-9}(\mathrm{Pa})$$

2.17 （1）太阳内部距中心约 20% 半径处氢核和氦核的质量百分比分别为 70% 和 30%。该处温度为 9×10^6 K，密度为 $3.6\times10^4\ \mathrm{kg/m^3}$。求此处压强是多少 atm？（把氢核和氦核都构成理想气体而分别产生自身的压强）

（2）由于聚变反应，氢核聚变为氦核，在太阳中心氢核和氦核的质量百分比变为 35% 和 65%。此处的温度为 1.5×10^7 K，密度为 $1.5\times10^5\ \mathrm{kg/m^3}$，求压强是多少 atm？

【解】

（1）设此处氢核密度为 ρ_{H}，氦核密度为 ρ_{He}。据题意有

$$\frac{\rho_{\mathrm{H}}}{\rho_{\mathrm{He}}+\rho_{\mathrm{H}}}=70\%\ ;\ \frac{\rho_{\mathrm{He}}}{\rho_{\mathrm{He}}+\rho_{\mathrm{H}}}=30\%\ ;\ \rho_{\mathrm{He}}+\rho_{\mathrm{H}}=3.6\times10^4\ \mathrm{kg/m^3}$$

故

$$\rho_{\mathrm{H}}=2.52\times10^4\ \mathrm{kg/m^3}\ ;\ \rho_{\mathrm{He}}=1.08\times10^4\ \mathrm{kg/m^3}$$

氢和氦的摩尔质量分别为

$$M_{\mathrm{H}}=0.001\ \mathrm{kg/mol},\ M_{\mathrm{He}}=0.004\ \mathrm{kg/mol}$$

则数密度

$$n_{\mathrm{H}}=\frac{\rho_{\mathrm{H}}N_A}{M_H}=1.52\times10^{31}\mathrm{m}^{-3}$$

$$n_{\mathrm{He}}=\frac{\rho_{\mathrm{He}}N_A}{M_{\mathrm{He}}}=1.60\times10^{30}\mathrm{m}^{-3}$$

则压强为

$$\begin{aligned}p&=(n_{\mathrm{H}}+n_{\mathrm{He}})k_BT\\&=(1.52\times10^{31}+1.60\times10^{30})\times1.38\times10^{-23}\times9\times10^6\\&=2.09\times10^{15}(\mathrm{Pa})\\&=2.07\times10^{10}(\mathrm{atm})\end{aligned}$$

（2）根据题意有

$$\frac{\rho_{\mathrm{H}}}{\rho_{\mathrm{He}}+\rho_{\mathrm{H}}}=35\%\ ;\ \frac{\rho_{\mathrm{He}}}{\rho_{\mathrm{He}}+\rho_{\mathrm{H}}}=65\%\ ;\ \rho_{\mathrm{He}}+\rho_{\mathrm{H}}=1.5\times10^5\ \mathrm{kg/m^3}$$

故

$$\rho_{\mathrm{H}}=5.25\times10^4\ \mathrm{kg/m^3}\ ;\ \rho_{\mathrm{He}}=9.75\times10^4\ \mathrm{kg/m^3}$$

$$n_{\mathrm{H}}=\frac{\rho_{\mathrm{H}}N_A}{M_H}=3.16\times10^{31}\,\mathrm{m}^{-3}$$

$$n_{\mathrm{He}}=\frac{\rho_{\mathrm{He}}N_A}{M_{\mathrm{He}}}=1.47\times10^{30}\,\mathrm{m}^{3}$$

则压强为

$$\begin{aligned}p&=(n_{\mathrm{H}}+n_{\mathrm{He}})k_BT\\&=(3.16\times10^{31}+1.47\times10^{31})\times1.38\times10^{-23}\times1.5\times10^{7}\\&=9.58\times10^{15}(\mathrm{Pa})\\&=9.49\times10^{10}(\mathrm{atm})\end{aligned}$$

2.18　证明理想气体的膨胀系数、压强系数及压缩系数分别为 $\alpha=\beta=1/T$，$\chi=1/p$。

【解】

膨胀系数、压强系数和压缩系数的定义分别为

$$\alpha=\frac{1}{V}\left(\frac{\partial V}{\partial T}\right)_p;\ \beta=\frac{1}{p}\left(\frac{\partial p}{\partial T}\right)_V;\ \chi=-\frac{1}{V}\left(\frac{\partial V}{\partial p}\right)_T$$

根据理想气体状态方程

$$pV=\nu RT;\ p=\frac{\nu RT}{V};\ V=\frac{\nu RT}{p}$$

可得

$$\left(\frac{\partial V}{\partial T}\right)_p=\frac{\nu R}{p}$$

理想气体的膨胀系数

$$\alpha=\frac{1}{V}\frac{nR}{p}=\frac{1}{T}$$

$$\left(\frac{\partial p}{\partial T}\right)_V=\frac{\nu R}{V}$$

理想气体的压强系数

$$\beta=\frac{1}{p}\frac{\nu R}{V}=\frac{1}{T}$$

$$\left(\frac{\partial V}{\partial p}\right)_T=-\frac{\nu RT}{p^2}$$

理想气体的压缩系数

$$\chi=\frac{1}{V}\frac{\nu RT}{p^2}=\frac{1}{p}$$

2.19　简单固体和液体的体胀系数 α 和压缩系数 κ 的数值都很小，在一定的温度范围内可以把 α 和 κ 看成常数。试证明简单固体和液体的状态方程可以表示为

$$V(T,p)=V_0(T_0,0)[1+\alpha(T-T_0)-\kappa p]$$

【解】

以 T、P 为状态参量，物质的状态方程为

$$V=V(T,p)$$

根据体胀系数、压强系数、压缩系数的定义，$\alpha=\frac{1}{V}\left(\frac{\partial V}{\partial T}\right)_p$、$\beta=\frac{1}{p}\left(\frac{\partial p}{\partial T}\right)_V$、$\kappa=-\frac{1}{V}\left(\frac{\partial V}{\partial p}\right)_T$，并结合理想气体状态方程 $pV=\nu RT$，得

$$\frac{dV}{V}=\alpha dT-\kappa dp$$

从状态（T_0，V_0，p_0）至状态（T，V，p），上式积分可得

$$\ln\frac{V}{V_0}=\alpha(T-T_0)-\kappa(p-p_0)$$

即

$$V=V_0(T_0,p_0)e^{\alpha(T-T_0)-\kappa(p-p_0)}$$

因为 α 和 κ 很小，在一定温度范围内，$\alpha(T-T_0)-\kappa(p-p_0)$ 也很小，可用泰勒级数展开，即

$$e^{\alpha(T-T_0)-\kappa(p-p_0)}\approx 1+\alpha(T-T_0)-\kappa(p-p_0)$$

$V(T,p)$ 可表示为

$$V(T,p)=V_0(T_0,p_0)[1+\alpha(T-T_0)-\kappa(p-p_0)]$$

取平衡态下系统的压强为0，$p_0=0$，得到如下状态方程：

$$V(T,p)=V_0(T_0,0)[1+\alpha(T-T_0)-\kappa p]$$

2.20 任何一个有两个独立变数 T，p 的物体，其物态方程可由实验观测的膨胀系数 α 及压缩系数 χ 根据下列积分求得：

$$\ln V=\int(\alpha dT-\chi dp)$$

对于理想气体，根据上式和题2.18的结论，试求状态方程。

【解】

对于有两个独立变数 T，p 的物体，$V=(T,p)$，则

$$dV=\left(\frac{\partial V}{\partial T}\right)_p dT+\left(\frac{\partial V}{\partial p}\right)_T dp=V\alpha dT-V\chi dp$$

$$\frac{dV}{V}=\alpha dT-\chi dp$$

两边积分得

$$\ln V=\int(\alpha dT-\chi dp)$$

对于理想气体，由题2.18结论可知膨胀系数 $\alpha=1/T$，压缩系数 $\chi=1/p$，代入上式可得

$$\ln V=\int\left(\frac{1}{T}dT-\frac{1}{p}dp\right)$$

$$=\ln\frac{T}{p}+C$$

因此，理想气体状态的方程 $pV=CT$，C 为常数。

2.21 已知某气体的体膨胀系数 α 和等温压缩系数 κ 分别为

$$\alpha=\frac{1}{T}\left(1+\frac{3a}{VT^2}\right),\ \kappa=\frac{1}{p}\left(1+\frac{a}{VT^2}\right)$$

式中，α 为常数。求该气体的状态方程。

【解】

将 T 和 V 视为状态参数，则气体的状态方程 $p=p(T,V)$，其微分表达式为

$$\mathrm{d}p=\left(\frac{\partial p}{\partial T}\right)_V\mathrm{d}T+\left(\frac{\partial p}{\partial V}\right)_T\mathrm{d}V$$

由于 $\alpha=\frac{1}{V}\left(\frac{\partial V}{\partial T}\right)_P$，$\kappa=-\frac{1}{V}\left(\frac{\partial V}{\partial P}\right)_T$，上式可写为

$$\begin{aligned}\mathrm{d}p&=\left(\frac{\partial p}{\partial T}\right)_V\mathrm{d}T+\left(\frac{\partial p}{\partial V}\right)_T\mathrm{d}V\\&=-\left(\frac{\partial p}{\partial V}\right)_T\left(\frac{\partial V}{\partial T}\right)_p\mathrm{d}T+\left(\frac{\partial p}{\partial V}\right)_T\mathrm{d}V\\&=\frac{\alpha}{\kappa}\mathrm{d}T-\frac{1}{\kappa V}\mathrm{d}V\end{aligned}$$

根据题意 $\alpha=\frac{1}{T}\left(1+\frac{3a}{VT^2}\right)$，$\kappa=\frac{1}{p}\left(1+\frac{a}{VT^2}\right)$，代入上式可得

$$\mathrm{d}p=\frac{\frac{1}{T}\left(1+\frac{3a}{VT^2}\right)}{\frac{1}{p}\left(1+\frac{a}{VT^2}\right)}\mathrm{d}T-\frac{p}{V\left(1+\frac{a}{VT^2}\right)}\mathrm{d}V$$

即

$$\begin{aligned}\frac{\mathrm{d}p}{p}&=\frac{1+\frac{3a}{VT^2}}{T\left(1+\frac{a}{VT^2}\right)}\mathrm{d}T-\frac{1}{V\left(1+\frac{a}{VT^2}\right)}\mathrm{d}V\\&=\frac{\mathrm{d}T}{T}-\frac{\mathrm{d}V}{V}-\frac{\mathrm{d}\left(\frac{a}{VT^2}\right)}{1+\frac{a}{VT^2}}\end{aligned}$$

积分得

$$\ln p=\ln T-\ln V-\ln\left(1+\frac{a}{VT^2}\right)+\ln C$$

或

$$p=\frac{CT}{V\left(1+\frac{a}{VT^2}\right)}$$

其中 C 为积分常数。

设气体的物质的量为 1 mol，当 $V\to\infty$ 时，

$$\lim_{V\to\infty}pV=\lim_{V\to\infty}\frac{CT}{1+\frac{a}{VT^2}}=CT$$

气体趋近理想气体，因此，气体的状态方程满足 $pV=RT$，与上式对比可得积分常数

$$C=R$$

故该气体的状态方程为

$$pV=\frac{RT}{1+\frac{a}{VT^2}}$$

2.22 对一容器中的定量稀薄气体进行测量，如图 2－1 所示，得到的结果：当体积 V_2 变为 $V_1/2$ 时，压力计两边的水银柱的高度差 $h_2=2h_1$。试问：

（1）如果这两次测量时温度不变，这组数据是否可能？

（2）如果这两次测量时温度分别为 T_1 和 T_2，则在什么条件下才会有这个结果？

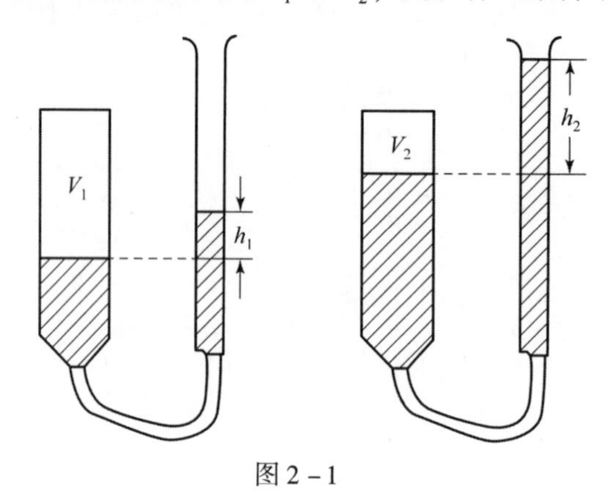

图 2－1

【解】

（1）由于压力计两边的水银柱的高度差 $h_2=2h_1$，根据 $p=\rho gh$，得 $p_2=2p_1$。又因为容器中气体的量是一定的，即 $\nu_1=\nu_2$。当体积 V_2 变为 $V_1/2$ 时，两次测量时温度不变，即 $T_2=T_1$，满足理想气体状态方程，这组数据可能是真实的。

（2）根据理想气体状态方程得 $p_1V_1=\nu_1RT_1$，$p_2V_2=\nu_2RT_2$，可知当 $\nu_1RT_1=\nu_2RT_2$，即 $\frac{T_1}{T_2}=\frac{\nu_2}{\nu_1}$ 时，$p_1V_1=p_2V_2$，可得 $p_2=2p_1$，$V_2=\frac{1}{2}V_1$。

2.23 设 V 是混合气体的体积，分体积 V_1，V_2，…，V_n 为各组分的体积，所谓某一组分的分体积是指混合气体中该组分单独存在于与混合气体具有相同温度和压强状态时所占有的体积。试证明道尔顿分压定律等效于道尔顿分体积定律，$V=V_1+V_2+\cdots+V_n$。

【解】

n 种混合理想气体，处于体积为 V、温度为 T 时，压强为 p。道尔顿通过试验指出，如果在体积为 V 的容器中，把其他气体都排走后，仅留下第 i 种气体，温度仍保持 T，对应的压强为 p_i，称为第 i 种气体的分压强，则混合气体的压强满足

$$p = \sum_{i=1}^{n} p_i$$

于是混合理想气体的状态方程为

$$p = \sum_{i=1}^{n} p_i = \frac{\nu RT}{V}$$

将初始压强和体积分别为 p_i 和 V 的第 i 种气体等温变化至压强为 p 的状态，此时体积变为 V_i，根据玻意耳—马略特定律

$$p_i V = pV_i \Rightarrow p_i = \frac{pV_i}{V}$$

将各个组分气体执行上述等温过程，并求和，得

$$\sum_{i=1}^{n} p_i = \sum_{i=1}^{n} \frac{pV_i}{V}$$

根据道尔顿分压定律

$$\sum_{i=1}^{n} p_i = p = \sum_{i=1}^{n} \frac{pV_i}{V}$$

即

$$\sum_{i=1}^{n} \frac{V_i}{V} = 1$$

因此可证明

$$V = \sum_{i} V_i = V_1 + V_2 + \cdots + V_n$$

第三章

热力学第一定律和内能

一、基本知识点

（一）准静态过程

准静态过程是一个进行得无限缓慢的，以致系统连续不断地经历着一系列平衡态的过程。准静态过程的3个特点：①该过程中每一刻都可以用状态参量描述；②该过程中每一中间态都可以由外界条件唯一确定；③该过程是一个理想过程。两个典型例子：准静态做功过程与准静态传热过程。

（二）功、热量与内能

1. 功的特征

功是系统能量转移或转化的方式和路径。功不是状态参量，是过程量，它不仅与系统的始状态、末状态有关，而且与所经历的过程有关。

2. 准静态过程中的功

准静态过程中的体积做功可表示为

$$W=\int \delta W=-\int p\mathrm{d}V$$

这里需要注意的是做功的方向性，一般规定外界环境对系统做正功的方向为做功的方向，若无特别指明是外界做功还是系统做功，做功的正负就应以上述方向为准，即正功就是系统体积收缩，负功表示系统膨胀。做功的一般表达式可写为

$$W=\int \delta W=\int Y\mathrm{d}x$$

式中，Y和x分别为广义力和广义坐标。

3. 热量

由于热学平衡条件的破坏，系统与外界之间存在温差而传递的能量称为热量。热量是过程量。总而言之，热量和功都是伴随系统状态变化的两种不同的能量传递形式，是能量传递的度量，都与过程有关，不是系统状态函数，而是过程量。所以，功与热量在状态变化时才有意义。

4. 内能

内能是一个状态函数，微观上系统的内能应该包含粒子的无序运动的动能和粒子间相互作用的势能。

(三) 热力学第一定律

热力学第一定律是能量守恒和转化定律在热力学上的反映。热力学第一定律指出对于任何宏观系统的任何过程，系统内能的增量等于系统从外界吸收的热量和外界对系统做的功之和，即

$$\mathrm{d}U = \delta Q + \delta W$$

注意上式中的传热 Q 和做功 W 的正负是在默认传热和做功方向下的数值。

(四) 热容与焓

1. 热容

热容是指物体升高或降低单位温度所吸收或释放的热量。在解题过程中更常用的是在等容或等压过程中的热容，即等容热容和等压热容。推而广之，一个系统在任意一个热力学过程 X 中都可以定义一个热容，即

$$C_X = \lim_{\Delta T \to 0}\left(\frac{\Delta Q}{\Delta T}\right)_X$$

2. 焓

焓是一个状态函数，其定义式为 $H = U + pV$。焓的物理含义是在等压过程中吸收的热量等于焓的增量。

(五) 热力学第一定律在气体中的应用

1. 理想气体的内能

理想气体的内能只是温度的函数，与体积和压强无关；同样，理想气体的焓也只是温度的函数。它们可通过等容比热和等压比热计算，即

$$\Delta U = \int_{T_1}^{T_2} \nu C_{Vm} \mathrm{d}T; \Delta H = \int_{T_1}^{T_2} \nu C_{pm} \mathrm{d}T$$

这样，理想气体准静态过程的热力学第一定律可表示为

$$\delta Q = \nu C_{Vm} \mathrm{d}T + p\mathrm{d}V$$

2. 理想气体的 3 个特殊的热力学过程

等容过程：$W = 0$；$Q = \Delta U = \int_{T_1}^{T_2} \nu C_{Vm} \mathrm{d}T$

等压过程：$W = -\int_{V_1}^{V_2} p\mathrm{d}V$；$Q = \int_{T_1}^{T_2} \nu C_{pm} \mathrm{d}T$；$\Delta U = \int_{T_1}^{T_2} \nu C_{Vm} \mathrm{d}T$

等温过程：$W = -Q = -\int_{V_1}^{V_2} p\mathrm{d}V = -\nu RT\ln\frac{V_2}{V_1}$；$\Delta U = 0$

3. 理想气体的绝热过程

绝热过程方程

$$pV^{\gamma}=C;\ TV^{\gamma-1}=C;\ p^{\gamma-1}/T^{\gamma}=C$$

式中，$\gamma=C_p/C_V=C_{pm}/C_{Vm}$；$C_{pm}=C_{Vm}+R$。

绝热过程的功、热和内能为

$$\Delta U=W=\frac{p_1V_1-p_2V_2}{\gamma};\ Q=0$$

4. 焦耳—汤姆孙效应（节流过程）

绝热节流过程前后的焓不变。利用绝热制冷效应在低温物理中有着重要的应用。

二、主要题型

（一）准静态过程做功

沿着不同准静态过程积分计算功 $W=-\int_{V_1}^{V_2}p\mathrm{d}V$，这需要根据具体过程的过程方程选择合适的状态参量进行积分。对于外界等压的非准静态过程计算外界做功可使用 $-p\Delta V$ 求解。

（二）计算传递的热量

对于等压和等容过程，在已知 C_V 和 C_p 的前提下可通过对应的比热容积分算得；对于一般的热力学过程可尝试通过热力学第一定律，即 $\Delta U-W$ 求得。

（三）计算内能的增量

对于理想气体的任意准静态过程，内能的增量可通过 $\Delta U=\int_{T_1}^{T_2}\nu C_{Vm}\mathrm{d}T$ 求得；在已知 W 和 Q 的前提下，也可由热力学第一定律得出。

补充知识：内能的全微分形式可以写为

$$\mathrm{d}U=C_V\mathrm{d}T+\left[T\left(\frac{\partial p}{\partial T}\right)_V-p\right]\mathrm{d}V$$

于是在已知状态方程 $p=p(T,V)$ 和 C_V 的前提下，可对上式积分求解任意系统、任意过程的内能的增量，即

$$\Delta U=\int\left\{C_V\mathrm{d}T+\left[T\left(\frac{\partial p}{\partial T}\right)_V-p\right]\mathrm{d}V\right\}$$

（四）推导绝热过程方程

根据绝热过程 $Q=0$ 的特征以及热力学第一定律，通过求解微分方程得到某个系统的绝热过程。

(五) 理想气体绝热过程涉及的状态变化

利用绝热过程方程和理想气体状态方程求解绝热过程中的做功以及对应的内能变化。

(六) 热力学第一定律在两个耦合理想气体系统中的应用

对于一个腔室中被隔板（导热或绝热）分隔开而形成的两个气体系统，经过某个热力学过程后的热力学状态问题，解决的关键是明晰两个系统的耦合参数，如压强、温度等，再分别应用理想气体状态方程求解。

三、习题

3.1　应用方程 $W=-p\Delta V$ 时，哪项表述是正确的？

（A）当系统体积增大时（$\Delta V>0$，$p\Delta V$），系统对周围环境做功，根据化学热力学的符号约定，做功是负的，这就是负号的原因。

（B）当系统体积增大时（$\Delta V>0$，$p\Delta V$），环境对系统做的功，根据化学热力学的符号约定，功是负的，这就是负号的原因。

（C）这个方程适用于所有过程。

（D）这个方程只在恒压条件下适用。

【解】　B

当体积增大时，系统对外界做正功，外界环境对系统做负功。根据热力学第一定律，在绝热条件下，系统体积膨胀，系统内能减小。为了与热力学第一定律相一致，我们默认的做功方向是外界环境对系统做功，因此这是做功表达式中有负号的原因。$W=-p\Delta V$ 不仅适用于准静态过程，对于一般的等容和等压过程也是适用的。

3.2　指出下列各方程对应什么过程？

（1）$p\mathrm{d}V=\nu R\mathrm{d}T$，$\nu$ 是摩尔数。

（2）$V\mathrm{d}p=\nu R\mathrm{d}T$，$\nu$ 是摩尔数。

（3）$p\mathrm{d}V+V\mathrm{d}p=0$。

【解】

（1）根据理想气体状态方程 $pV=\nu RT$，对其进行微分可以得到

$$p\mathrm{d}V+V\mathrm{d}p=\nu R\mathrm{d}T$$

这个方程式为气体的三元关系式，它表示的是在恒定摩尔数下，压强、体积和温度的关系。$p\mathrm{d}V=\nu R\mathrm{d}T$，这个方程式表示的是在等压条件下，体积和温度的关系。因此，该方程对应的是等压过程。

（2）$V\mathrm{d}p=\nu R\mathrm{d}T$，这个方程式表示的是在等容条件下压强和温度的关系，因此，该方程对应的是等容过程。

（3）$p\mathrm{d}V+V\mathrm{d}p=0$，这个方程式表示的是在等温条件下压强和体积的关系。因此，该方程对应的是等温过程。

3.3 绝热容器内存有体积恒定的液体，对液体进行搅拌。如果我们把液体和容器整体视为系统。问：

（1）是否有热量传递到系统？

（2）外界对系统做功了吗？

（3）系统内能变化是正是负？

【解】

（1）把液体和容器视为一个复合系统，且容器绝热，因此没有热量传递到系统中。

（2）由于对液体进行搅拌，外界对系统做功。

（3）由于外界对系统做正功，并且系统绝热，因此系统内能增加，内能变化为正。

3.4 圆柱形绝热容器内存储着水，开始时容器以一定的速度旋转，然后在黏滞力的作用下逐渐静止下来（忽略空气的摩擦）。把容器和水看成一个系统，问：

（1）当水静止时，系统是否对外做了功？

（2）是否有热量流入或流出系统？

（3）系统的内能有什么变化吗？

【解】

（1）系统对外没有做功。

（2）因为是绝热容器，所以没有热量的流入和流出。

（3）系统的内能增加，容器转动的动能转化成了系统的内能。

3.5 在固定容积的容器内对燃料和氧气的混合物进行燃烧的试验中，将容器置于水浴槽中，在试验中观察到了水温升高了一定值，如果将容器内的物质看作系统，问：

（1）外界对系统做功了吗？

（2）系统和周围环境之间是否有热传递？

（3）系统内能变化是正是负？

【解】

（1）没有。

（2）有热量传出，所以水的温度升高了。

（3）系统内能增加了，燃烧过程中，化学能转化成了系统的内能。

3.6 一定量的气体，当它的体积为 V、压强为 p 时，有确定的内能 U，设它经准静态绝热压缩由 a 到 b，如图 3－1 所示，此时 $p \propto V^{-5/3}$，求这过程中外界对气体所做的功。

【解】

根据绝热过程的条件，可以得到

$$pV^{\gamma} = C$$

式中，γ 为气体的绝热指数，由题意可知 $p \propto V^{-5/3}$，得到绝热指数为

$$\gamma = \frac{5}{3}$$

在图 3－1 中，气体经过准静态绝热压缩由状态 a 到状态 b，即

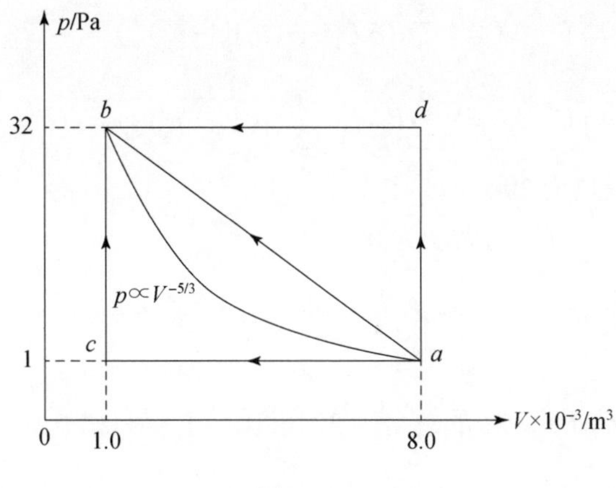

图 3－1

$$
\begin{aligned}
W &= \int_{V_a}^{V_b} p\mathrm{d}V \\
&= \int_{V_a}^{V_b} \frac{C}{V^{\gamma}}\mathrm{d}V \\
&= C \times \left.\frac{V^{(-\gamma+1)}}{-\gamma+1}\right|_{V_a}^{V_b} \\
&= C \times \frac{V_b^{\;(-\gamma+1)} - V_a^{\;(-\gamma+1)}}{-\gamma+1} \\
&= \frac{p_b V_b - p_a V_a}{-\gamma+1}
\end{aligned}
$$

代入数值，得

$$W = \frac{32 \times 1 \times 10^{-3} - 1 \times 8 \times 10^{-3}}{-\dfrac{5}{3}+1} = -36 \times 10^{-3}(\mathrm{J})$$

即外界对气体所做的功为 36×10^{-3} J。

3.7 习题 3.6 中气体从 a 到 b 也可通过不同的准静态过程达到。对于下述几个准静态过程，计算从 a 到 b 对系统共做了多少功，传给系统共多少热量（图 3－1）。

（1）过程 $a\to c\to b$。从初态的体积压缩到末态的体积，不断放出热量以维持等压过程；然后再维持体积不变并不断供给热量，使压强增到 32 Pa。

（2）过程 $a\to d\to b$。上述等压、等容过程次序颠倒进行。

（3）过程 $a\to b$。减小体积并补充热量，使压强随体积线性地改变。

【解】

在习题 3.6 中分析可知 $\gamma = \dfrac{5}{3} = \dfrac{C_{pm}}{C_{Vm}}$，对于单原子气体 $C_{Vm} = \dfrac{3}{2}R$、$C_{pm} = \dfrac{5}{2}R$。

（1）$a\to c$ 过程 $W = \int_{V_a}^{V_c} p\mathrm{d}V = -1 \times 7 \times 10^{-3} = -7 \times 10^{-3}(\mathrm{J})$，外界对系统做功为 7×10^{-3} J。

$c\to b$ 过程外界对系统做功为 0。$a\to c\to b$ 过程外界对系统做的总功为 7×10^{-3} J。

$a \to c$ 过程放热 $Q = \nu C_{pm}\Delta T = \nu \dfrac{5}{2}R\Delta T = \dfrac{5}{2}(p_cV_c - p_aV_a) = -17.5 \times 10^{-3}$ J。

$c \to b$ 过程吸热 $Q = \nu C_{Vm}\Delta T = \nu \dfrac{3}{2}R\Delta T = \dfrac{3}{2}(p_bV_b - p_cV_c) = 46.5 \times 10^{-3}$ J。

$a \to c \to b$ 过程总吸热为 29×10^{-3} J。

（2）$a \to d$ 过程外界对系统做功为 0。

$d \to b$ 过程 $W = \int_{V_d}^{V_b} p\mathrm{d}V = -32 \times 7 \times 10^{-3} = -224 \times 10^{-3}$(J)，外界对系统做功为 224×10^{-3} J。

$a \to d \to b$ 过程外界对系统做的总功为 224×10^{-3} J。

$a \to d$ 过程吸热 $Q = \nu C_{Vm}\Delta T = \nu \dfrac{3}{2}R\Delta T = \dfrac{3}{2}(p_dV_d - p_aV_a) = 372 \times 10^{-3}$ J。

$d \to b$ 过程放热 $Q = \nu C_{pm}\Delta T = \nu \dfrac{5}{2}R\Delta T = \dfrac{5}{2}(p_bV_b - p_dV_d) = -560 \times 10^{-3}$ J。

$a \to d \to b$ 总放热为 188×10^{-3} J。

（3）$a \to b$ 过程 $W = \int_{V_a}^{V_b} p\mathrm{d}V = \int_{V_a}^{V_b}\left(-\dfrac{31}{7}V + \dfrac{255}{7}\right)\mathrm{d}V = -115.5 \times 10^{-3}$ J，外界对系统做功为 115.5×10^{-3} J。

根据（1）（2）可得系统内能增量为 36×10^{-3} J，所以系统放热为 79.5×10^{-3} J。

3.8 气体存储在装有活塞的气缸中，活塞与气缸之间无摩擦。如图 3－2 所示，气体从状态 a 沿路径 acb 变化到状态 b。流入系统 80 J 的热量，系统对外做 30 J 的功。

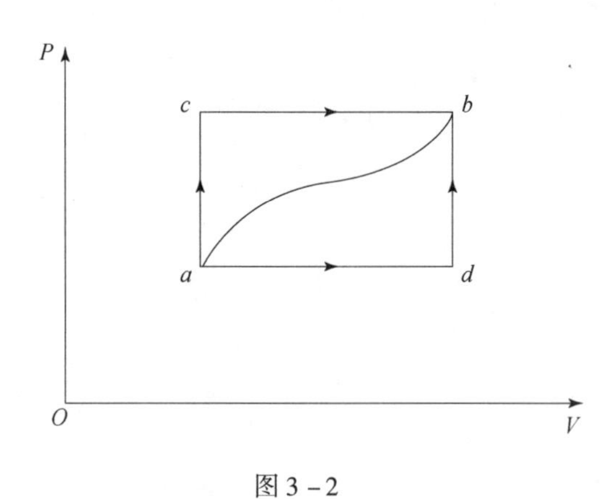

图 3－2

（1）如果沿 adb 路径气体系统对外做功只有 10 J，那么系统吸收多少热量？

（2）当系统沿弯曲路径从 b 返回到 a 时，外界对系统所做的功是 20 J，这个过程传递多少热量？

（3）如果 $U_a = 0$ J 且 $U_d = 40$ J，adb 路径气体系统对外做功 10 J，求 ad 过程和 db 过程中吸收的热量。

【解】

由热力学第一定律，ab 两态间的内能变化为

$$\Delta U_{ab} = Q + W = 80 - 30 = 50(\text{J})$$

（1）由 $\Delta U = Q - W$ 可知，沿 adb 路径系统吸收热量

$$Q_{adb} = \Delta U_{ab} - W_{adb} = [50 - (-10)] = 60(\text{J})$$

（2）沿 ba 路径传递的热量为

$$Q_{ba} = \Delta U_{ba} - W_{ba} = (-50 - 20) = -70(\text{J})$$

即该过程系统向外界传递了 70 J 的热量。

（3）对于 ad 过程，内能的变化为

$$\Delta U_{ad} = U_d - U_a = 40\ \text{J}$$

该过程系统膨胀对外做功，由于 db 过程做功为 0，所以 adb 过程系统对外做的总功就是 ad 过程做的功，即 $W_{ad} = -10$ J。

根据热力学第一定律，ad 过程系统的吸热为

$$Q_{ad} = \Delta U_{ad} - W_{ad} = 50\ \text{J}$$

由于 $\Delta U_{ab} = 50$ J，$\Delta U_{ad} = 40$ J，而且由于内能是状态函数，所以 $\Delta U_{db} = 10$ J。

同时 bd 过程做功为 0，因此系统内能的增加完全来自从外界吸热，即 $Q_{db} = 10$ J。

3.9 电阻线圈与周围环境相连，放置在带有活塞的气缸内，气缸内装有理想气体。气缸壁和活塞是绝热的，且它们之间无摩擦。有 5.0 A 电流通过电阻，电阻两端的电压降为 100 V。活塞受到 5 000 N 的恒定外力的作用。问：

（1）活塞必须以什么速度向外移动才能使气体温度不发生变化？

（2）电能是以热的形式还是以功的形式传递给气体的？

（3）假设壁是透热的，电阻线圈缠绕在圆筒的外部，将气缸和气体作为系统（不包括加热线圈），现在能量转移是以热的形式传递还是以功的形式传递？

【解】

（1）系统绝热，若使气缸内理想气体温度不变化，即内能不变，那么电阻的功率应该等于活塞对外所做功的功率。设活塞向外运动的速率为 v，则有

$$UI = Fv$$

所以，

$$v = \frac{UI}{F} = \frac{5 \times 100}{5\ 000} = 0.1(\text{m/s})$$

（2）电阻丝放置在气缸内部，电流以功的形式将能量传给缸内的气体。

（3）电阻丝放置在气缸外部，电流做功将电能转化为内能，并以热的方式传递给气缸和缸内气体。

3.10 分别通过下列过程把标准状态下 0.014 kg 氮气压缩为原来体积的一半：

（1）等温过程。

（2）绝热过程。

（3）等压过程。

试分别求出在这些过程中气体内能的改变、系统吸放热量和外界对气体所做的功。

设氮气可看作理想气体，且 $C_{Vm}=\frac{5}{2}R$。

在标准状态下 $T=273$ K，气体常数 $R=8.31$ J/(mol·K^{-1})，氮气的摩尔质量 $M=$ 28 g/mol。

【解】（1）理想气体的等温过程：

$$\Delta U=0;\ Q=-W$$

$$W=-\frac{m}{M}RT_1\ln\frac{V_2}{V_1}$$

$$=-\frac{14}{28}\times 8.31\times 273\times\ln\frac{1}{2}$$

$$=786(\mathrm{J})$$

$$Q=-W=-786(\mathrm{J})$$

因此等温过程中外界对气体做正功为 786 J，气体对外界放热为 786 J，内能变化为 0 J。

（2）绝热过程：

$$\Delta U=W;\ Q=0;\ \gamma=\frac{7}{5}=1.4$$

$$W=\Delta U=\frac{m}{M}C_{Vm}(T_2-T_1)$$

$$=\frac{m}{M}C_{Vm}T_1\left[\left(\frac{V_1}{V_2}\right)^{\gamma-1}-1\right]$$

$$=\frac{14}{28}\times\frac{5}{2}\times 8.31\times 273\times(2^{1.4-1}-1)$$

$$=906(\mathrm{J})$$

因此外界对系统做正功为 906 J，系统内能增加 906 J，系统吸放热量为 0。

（3）等压过程：

内能的变化为

$$\Delta U=\frac{m}{M}C_{Vm}\ (T_2-T_1)$$

$$=\frac{m}{M}C_{Vm}T_1\left(\frac{T_2}{T_1}-1\right)$$

$$=\frac{14}{28}\times\frac{5}{2}\times 8.31\times 273\times(0.5-1)$$

$$=-1.42\times 10^3(\mathrm{J})$$

系统的吸热为

$$Q=\frac{m}{M}C_{pm}(T_2-T_1)$$

$$=\frac{m}{M}C_{pm}T_1\left(\frac{T_2}{T_1}-1\right)$$

$$=\frac{14}{28}\times\frac{7}{2}\times 8.31\times 273\times(0.5-1)$$

$$=-1.98\times 10^{3}(\mathrm{J})$$

系统做功为

$$W=\Delta U-Q=-1.42\times 10^{3}+1.98\times 10^{3}=5.67\times 10^{2}(\mathrm{J})$$

因此，等压过程中系统向外界放热 1.98×10^{3} J，外界向系统做 5.67×10^{2} J 正功，系统内能减小 1.42×10^{3} J。

3.11 如图 3－3 所示，一个装有活门 K 的真空容器置于压强为 p_0、温度为 T_0 的大气中。扭开活门后，气体迅速冲入容器，当冲入容器内的气体达到大气压强 p_0 时，立即关闭活门，设冲入容器内的气体在大气中的体积为 V_0。

（1）求冲入容器内气体的内能 U 和它在大气中的内能 U_0 之差。

（2）若气体是定容摩尔热容为 $C_{V,m}$（常数）的理想气体，求冲入容器内气体的温度 T 和体积 V。

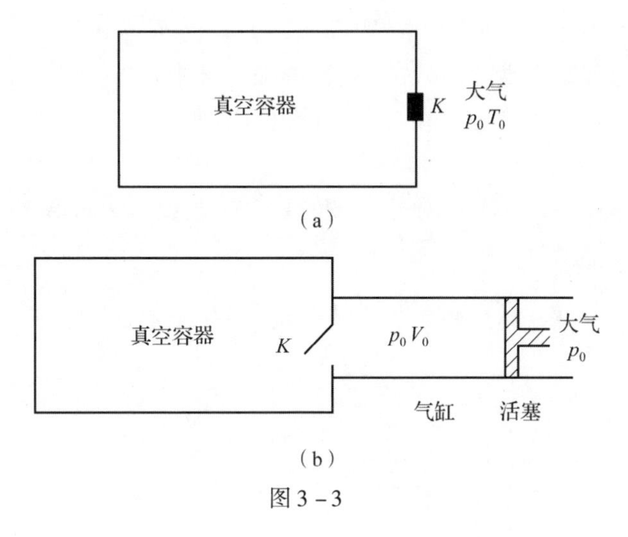

图 3－3

【解】

由于大气冲入真空容器是个快过程，冲入容器内的气体来不及与外面的大气交换热量，因此这是一个非准静态绝热过程。但本题中大气压强 p_0 保持不变，我们仍可计算大气对容器内气体所做的功。为此，设想用一个装有无摩擦活塞的绝热气缸与真空容器相连，气缸内充有压强为 p_0、体积为 V_0 和温度为 T_0 的大气。初始在气缸中，最后在真空容器中的大气就是我们所考虑的系统，如图 3－3（b）所示。打开活门 K 的同时，迅速推动活塞，使气缸内大气的压强保持为 p_0，直至活塞碰到容器壁为止。

（1）绝热过程中，外界大气对系统所做的功为

$$W=p_0V_0$$

由热力学第一定律得 $\Delta U=W$，即

$$\Delta U=U-U_0=p_0V_0$$

（2）设冲入容器中的气体为 ν mol，则由理想气体状态方程和内能公式得

$$p_0V_0=\nu RT_0$$

$$\Delta U=\nu C_{V,m}(T-T_0)$$

结合（1）中的 $\Delta U=p_0V_0$，解得

$$T=\frac{C_{V,m}+R}{C_{V,m}}T_0=\frac{C_{p,m}}{C_{V,m}}T_0=\gamma T_0$$

因为气体初末态的压强相等，因此

$$V=\frac{T}{T_0}V_0=\gamma V_0$$

综上所述，冲入容器内的气体的温度和体积分别为 γT_0，γV_0。

3.12 （1）证明：在多方过程 $pV^n=C$（C 为常数），气体的比热为

$$c=\frac{R(n-\gamma)}{\mu(\gamma-1)(n-1)}$$

式中：R 为气体常数；μ 为摩尔质量；n 为多方指数；$\gamma=c_P/c_V$。

（2）当气体温度升高时，在怎样的多方过程中（即 n 为多少时）气体对外做功？

（3）n 为多少时，气体的比热是负的？

（4）如果理想气体按照 $V=a/\sqrt{p}$ 的规律膨胀（式中：V 为气体体积；p 为压强；a 为常数），问气体膨胀时变热还是变冷？此过程的比热是多少？

【解】

（1）理想气体在多方过程中对外所做的功 W，假设这一过程的初末状态为（p_1，V_1）和（p_2，V_2），那么

$$W=\int_{V_1}^{V_2}p\mathrm{d}V=\int_{V_1}^{V_2}\frac{C}{V^n}\mathrm{d}V=-\frac{1}{n-1}CV^{-(n-1)}\Big|_{V_1}^{V_2}$$

$$=\frac{CV_1^{-(n-1)}-CV_2^{-(n-1)}}{n-1}$$

$$=\frac{p_1V_1-p_2V_2}{n-1}$$

由于 $pV^n=C$ 两边微分，可得

$$V\mathrm{d}p+np\mathrm{d}V=0 \tag{1}$$

根据热力学第一定律，

$$\mathrm{d}U=\mathrm{d}Q-p\mathrm{d}V \tag{2}$$

式中：U 为内能；Q 为吸收的热量。

用焓 H 表示有

$$\mathrm{d}H=\mathrm{d}Q+V\mathrm{d}p \tag{3}$$

整合式（1）、式（2）、式（3），$n\times(2)-(3)$ 得

$$n\mathrm{d}U-\mathrm{d}H=(n-1)\mathrm{d}Q$$

根据 $C_V=\frac{\mathrm{d}U}{\mathrm{d}T}$，$C_p=\frac{\mathrm{d}H}{\mathrm{d}T}$，热容 C 为

$$\frac{\mathrm{d}Q}{\mathrm{d}T}=\frac{n\mathrm{d}U-\mathrm{d}H}{(n-1)\mathrm{d}T}=\frac{nC_V\mathrm{d}T-C_p\mathrm{d}T}{(n-1)\mathrm{d}T}=\frac{nC_V\mathrm{d}T-\gamma C_V\mathrm{d}T}{(n-1)\mathrm{d}T}=\frac{n-\gamma}{n-1}C_V$$

根据 $C_{Vm}=\dfrac{R}{(\gamma-1)}$，得

$$C_V=\frac{\nu R}{(\gamma-1)}=\frac{MR}{\mu(\gamma-1)}$$

式中，M 为质量，所以比热容

$$c=\frac{C}{M}=\frac{n-\gamma}{(n-1)M}C_V=\frac{R(n-\gamma)}{\mu(\gamma-1)(n-1)}$$

(2) $W=\int_{V_1}^{V_2}p\mathrm{d}V=\int_{V_1}^{V_2}\dfrac{C}{V^n}\mathrm{d}V=-\dfrac{1}{n-1}CV^{-(n-1)}\Big|_{V_1}^{V_2}=\dfrac{CV_1^{\ -(n-1)}-CV_2^{\ -(n-1)}}{n-1}=\dfrac{p_1V_1-p_2V_2}{n-1}$

当 n 趋近于无穷大时，体积不发生变化，W 趋近于0。等容过程气体对外不做功除此之外气体膨胀始终对外做功。

(3) 气体的比热为

$$c=\frac{C}{M}=\frac{n-\gamma}{(n-1)M}C_V=\frac{R(n-\gamma)}{\mu(\gamma-1)(n-1)}$$

当 $1<n<\gamma$ 时，气体的比热为负数（γ 的取值范围为 $1<\gamma<2$）。

(4) $V=\dfrac{a}{\sqrt{p}}$ 可得 $pV^2=a^2$，即 $n=2$，$n>\gamma$。

根据图3-4所示多方过程，$n=1$ 时为等温过程，当 $n>1$ 时气体膨胀过程温度降低，内能减少。

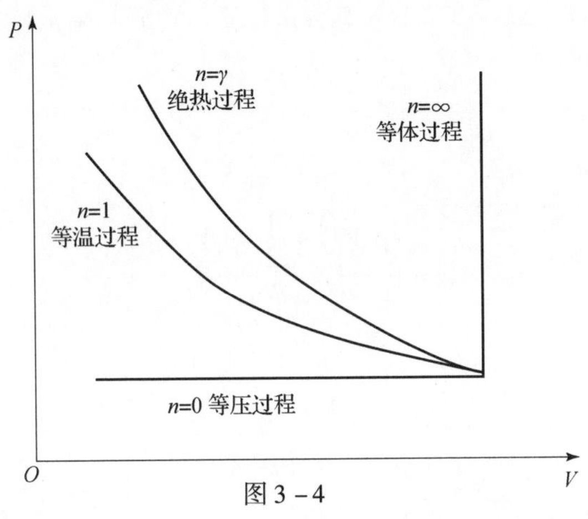

图3-4

3.13　如图3-5所示，1 mol 氦气，由状态 $A(p_1,V_1)$ 沿图中 $P-V$ 的直线变到状态 $B(p_2,V_2)$：

(1) 求此过程中内能的变化，吸收的热量，对外做的功。

(2) 求气体的热容量。

(3) 若已知 $p=kV$（k 为常数），求这过程中 p 与 T、V 与 T 的关系。

【解】

(1) 氦气为单原子理想气体，定压摩尔比热容 $C_{pm}=\dfrac{5}{2}R$、定体摩尔比热容 $C_{Vm}=\dfrac{3}{2}R$。根据理想气体状态方程 $pV=\nu RT$，内能的变化为

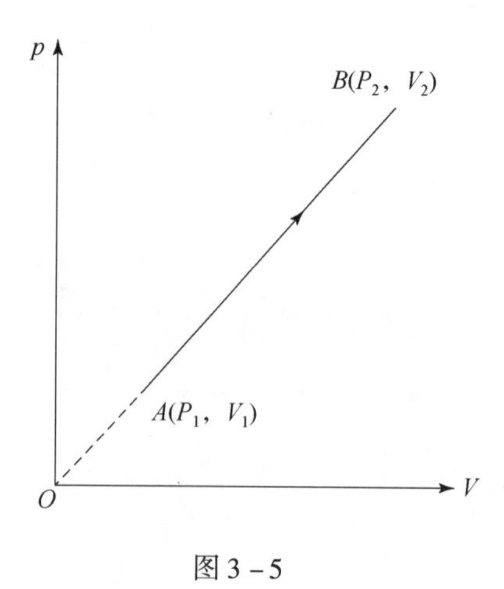

图3-5

$$\Delta U = C_{Vm}\Delta T = \frac{3}{2}R(T_2 - T_1) = \frac{3}{2}(p_2V_2 - p_1V_1)$$

气体膨胀对外做功为图3-5中过程线与两轴所包围的梯形面积为

$$W = \frac{p_1 + p_2}{2}(V_2 - V_1)$$

吸收的热量为

$$Q = \Delta U + W = 2(p_2V_2 - p_1V_1) + \frac{1}{2}(p_1V_2 - p_2V_1)$$

（2）热容量为

$$C = \frac{Q}{\Delta T}$$

$$= \frac{2(p_2V_2 - p_1V_1) + \frac{1}{2}(p_1V_2 - p_2V_1)}{\Delta T}$$

$$= \frac{2R(T_2 - T_1)}{\Delta T} + \frac{\frac{1}{2}(p_1V_2 - p_2V_1)}{p_2V_2 - p_1V}R$$

$$= 2R + \frac{1}{2}\frac{p_1V_2 - p_2V_1}{p_2V_2 - p_1V_1}R$$

（3）p 与 T、V 与 T 的关系为

$$kV^2 = \frac{m}{\mu}RT;\ p^2 = k\frac{m}{\mu}RT$$

式中：m 为总质量；μ 为摩尔质量。

3.14 （1）有一气筒，除底部外都是绝热的，上边是一个可以上下无摩擦地运动的活塞，中间有一个位置固定的能导热的隔板，把筒分隔为相等的两部分A和B，如图3-6所示。在A和B中各盛有1 mol的氮气，且处于相同的状态，$T_1 = 300$ K，$p_1 = 1.01\times10^5$ Pa。现在由底部慢慢地把334 J的热量传递给气体，活塞上的压强始终保持为 1.01×10^5 Pa，设导热板的热容量可以忽略不计。分别求A和B的温度的改变以及它们各得到多少能量。

（2）如果中间隔板为隔热的，但可以自由地无摩擦地上下滑动，结果如何？

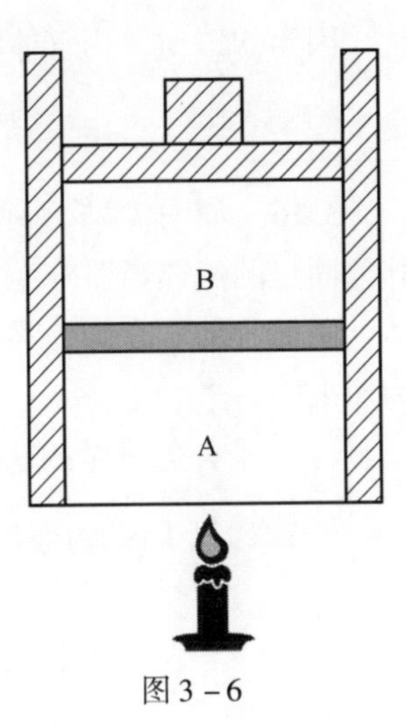

图 3-6

【解】

（1）因为隔板固定且导热，活塞可以移动，可知 A 经历的是等容过程，B 经历的是等压过程，并且温度增加量 ΔT 相同。设 A、B 中气体吸收的热量分别为 ΔQ_A 和 ΔQ_B，则有以下 3 个关系式：$\Delta Q_A = C_{Vm}\Delta T$，$\Delta Q_B = C_{pm}\Delta T$，$\Delta Q_A + \Delta Q_B = 334$ J。

对于氮气而言，定压摩尔比热容 $C_{pm} = \frac{7}{2}R$、定体摩尔比热容 $C_{Vm} = \frac{5}{2}R$，则

$$\Delta Q_A + \Delta Q_B = (C_{Vm} + C_{pm})\Delta T = 6 \times 8.31\Delta T = 334(\text{J})$$

得到

$\Delta T = 6.7$ K，进而得到 $\Delta Q_A = 139$ J、$\Delta Q_B = 195(\text{J})$

（2）隔板换成绝热且可移动，则 A 对 B 不传热，B 的压强不变且 A 的压强等于 B 的压强。在隔板移动过程中，A 对 B 做的功等于 B 对外界做的功，所以 B 做的净功为 0，B 的温度、体积、压强都没有变化，而 A 做等压变化，所以

$$\Delta Q_B = 0$$

$$\Delta Q_A = C_{pm}\Delta T = 334(\text{J})$$

$$\Delta T_A = \frac{334}{3.5 \times 8.31}\ \text{K} = 11.5(\text{K})$$

3.15　高温下固体很好地遵循杜隆珀蒂方程，为预言低温下的热容，必须应用量子力学模型。爱因斯坦最初应用了这种模型，他假设固体中所有的原子以相同频率 ν 振动。含有 N 个原子的固体总能量等于 3 N 个一维简谐运动的能量。这些总简谐运动能量的量子力学表达式为 $E = 3Nh\nu\left[\frac{1}{2} + 1/(e^{\beta h\nu} - 1)\right]$，其中 $\beta = 1/kT$，$h = 6.63 \times 10^{-34}$ J · s。证明：这种模型给出摩尔热容为

$$C = 3R\left(\frac{\Theta}{T}\right)^2 \frac{e^{\Theta/T}}{(e^{\Theta/T} - 1)^2}$$

式中，$\Theta \equiv hv/k$；k 为玻尔兹曼常量；R 为普适气体常量。

【解】

将阿伏伽德罗常数记为 N，则一摩尔物质的能量为

$$E = 3Nh\nu\left[\frac{1}{2} + \frac{1}{e^{h\nu/kT} - 1}\right]$$

所以给出摩尔热容为

$$C = \frac{dE}{dT} = 3Nhv\frac{(-1)}{(e^{hv/kT} - 1)^2}\left(\frac{-hv}{kT^2}\right)e^{hv/kT} = 3(Nk)\left(\frac{hv}{kT}\right)^2 \frac{e^{hv/kT}}{(e^{hv/kT} - 1)^2}$$

因为 $Nk=R$，为气体常数，方程写为

$$C=3R\left(\frac{\Theta}{T}\right)^2\frac{e^{\Theta/T}}{(e^{\Theta/T}-1)^2}。$$

3.16 如图3－7所示，一个可以无摩擦左右滑动的绝热隔板A，把容积为 $2l_0^3$ 的外部固定的绝热容器分为相同的两半：Ⅰ区和Ⅱ区，其中各盛1 mol的单原子理想气体，两部分的温度开始都是300 K。如果用外力把A向Ⅰ区慢慢移动，使Ⅰ区的体积变为原来的一半。

（1）求外力所做的功。

（2）如果Ⅰ区被压缩到 $\frac{1}{2}l_0^3$ 时把隔板抽出，则容器内的温度最终等于多少？

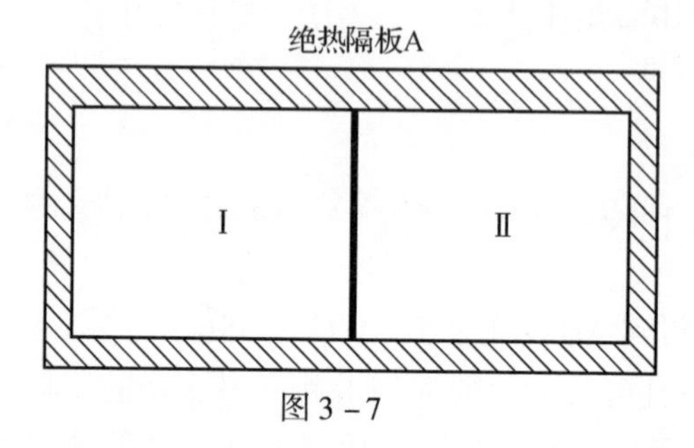

图3－7

【解】

（1）对单原子理想气体，定压摩尔比热容 $C_{p,m}=\frac{5}{2}R$、定体摩尔比热容 $C_{V,m}=\frac{3}{2}R$。设外力做完功后，Ⅰ区末态温度为 T_1、Ⅱ区末态温度为 T_2。

绝热过程外界对系统所做的功等于系统内能的增量，外力做功为

$$\begin{aligned}W_{外}&=\Delta U_1+\Delta U_2=C_{V,m}(T_1-T_0)+C_{V,m}(T_2-T_0)\\&=\frac{3}{2}R(T_1-T_0)+\frac{3}{2}R(T_2-T_0)\\&=\frac{3}{2}R(T_1+T_2-2T_0)\end{aligned}$$

由于过程是绝热的满足 $TV^{(\gamma-1)}=C$，其中 $\gamma=\frac{5}{3}$。对于Ⅰ区满足

$$T_1=\left(\frac{V_0}{V_1}\right)^{(\gamma-1)}T_0=2^{\frac{2}{3}}T_0=476.2\ \text{K}$$

对于Ⅱ区域满足

$$T_2=\left(\frac{V_0}{V_2}\right)^{(\gamma-1)}T_0=\left(\frac{2}{3}\right)^{\frac{2}{3}}T_0=228.9\ \text{K}$$

所以，$W_{外}=\Delta U_1+\Delta U_2=\frac{3}{2}R(T_1+T_2-2T_0)=1\ 310.1\ \text{J}$

（2）当Ⅰ区被压缩到 $\frac{1}{2}l_0^3$ 时抽出隔板，Ⅰ区和Ⅱ区中的气体最终达到平衡，温度、压强相等。由于绝热过程外力做的功等于内能的增量，因此有

$$W_{外}=2\times C_{V,m}\Delta T=2\times\frac{3}{2}R\Delta T=1\ 310.1\ \mathrm{J}$$

所以

$$\Delta T=\frac{1\ 310.1\ \mathrm{J}}{3\times 8.31\ \mathrm{J/K}}=52.6\ \mathrm{K}$$

最终温度为

$$T=T_0+\Delta T=352.6\ \mathrm{K}$$

3.17　1 mol 理想气体的初始温度和压强分别是 298 K、1.01×10^5 Pa，首先进行如图 3－8 所示的循环过程：

（1）等温膨胀至 $0.5\times1.01\times10^5$ Pa。

（2）等压膨胀至 373 K。

（3）等温压缩至 1.01×10^5 Pa。

（4）等压压缩至 298 K。

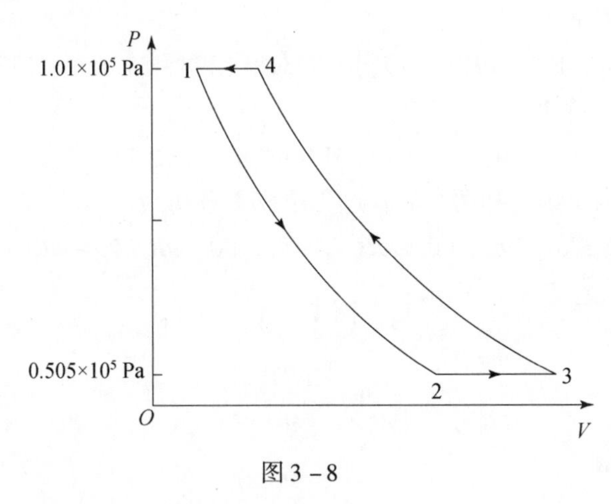

图 3－8

随后系统再进行如图 3－9 所示的循环过程：

（1）等压膨胀至 373 K。

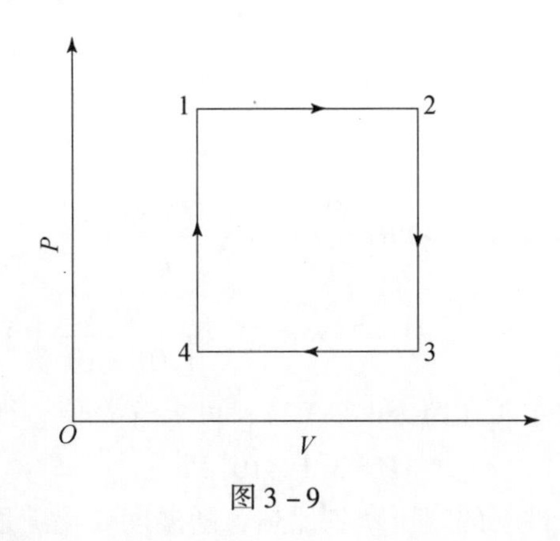

图 3－9

（2）等容过程，压强减小到 P。

（3）等压压缩至 $0.024\ 5\ \mathrm{m}^3$。

（4）等容过程，压强增大到 1.01×10^5 Pa。

若两个循环过程中，系统做功的值大小相等，求压强 P 值。

【解】

第一个循环过程：

（1）等温膨胀过程，根据理想气体状态方程得 $p=\dfrac{\nu RT}{V}$，系统对外做功为

$$W=\nu RT_2\ln\frac{V_2}{V_1}=\nu RT_2\ln\frac{p_1}{p_2}=8.31\times298\times\ln2=1\ 716.5(\mathrm{J})$$

（2）等压膨胀过程，系统对外做功为

$$W=p_2(V_3-V_2)=\nu R(T_3-T_2)=8.31\times(373-298)=623.25(\mathrm{J})$$

（3）等温压缩过程，系统对外做功为

$$W=\nu RT_4\ln\frac{V_4}{V_3}=\nu RT_4\ln\frac{p_3}{p_4}=8.31\times373\ln\frac{1}{2}=-2\ 148.5(\mathrm{J})$$

（4）等压压缩过程为

$$W=p_4(V_1-V_4)=\nu R(T_1-T_4)=8.31\times(298-373)=-623.25(\mathrm{J})$$

第一个循环中，总功为

$$W=-75\times8.31\times\ln2=-432(\mathrm{J})$$

第二个循环由两个等压和两个等容过程组成，总功为

$$W'=\nu R(373-298)+0+\nu R(T_4-T_3)+0=\nu R\times75+\nu R(T_4-T_3)\tag{1}$$

根据理想气体状态方程 $T_3=\dfrac{p_3}{\nu R}V_3$，而 $V_3=V_2$，所以

$$V_3=\frac{\nu RT_2}{p_2}$$

通过以上推导得

$$T_3=\frac{p_3}{\nu R}V_3=\frac{p_3T_2}{p_2}=\frac{373\times p_3}{p_2}$$

同理

$$T_4=\frac{298\times p_3}{p_2}$$

所以得

$$\begin{aligned}W'&=75\times\nu R+\nu R\left(\frac{298\times p_3}{p_2}-\frac{373\times p_3}{p_2}\right)\\&=\left(75\times8.31-75\times8.31\times\frac{P}{1.01\times10^5}\right)(\mathrm{J})\end{aligned}\tag{2}$$

又因为 $-W=W'$，联立式（1）和式（2），可求解 P 值，得

$$P=3.1\times10^4\ \mathrm{Pa}$$

3.18 气体在恒压条件下的定压摩尔比热容随温度变化满足以下方程：

$$C_{p,m}=a+bT-\frac{c}{T^2}$$

式中，a、b 和 c 为常数。在等压过程中，n 摩尔气体温度从 T_i 上升到 T_f 时，传递了多少热量？

【解】

根据等压热容的定义，可求等压过程中传递的热量为

$$Q = n\int_{T_i}^{T_f} C_{p,m}\mathrm{d}T$$
$$= n\int_{T_i}^{T_f}\left(a + bT - \frac{c}{T^2}\right)\mathrm{d}T$$
$$= n\left[a(T_f - T_i) + \frac{1}{2}b(T_f^2 - T_i^2) + c\left(\frac{1}{T_f} - \frac{1}{T_i}\right)\right]$$

3.19　2 mol 初始温度为 27℃，初始体积为 20 L 的氦气，先等压膨胀到体积加倍，然后绝热膨胀回到初始温度。

（1）在 $p-V$ 平面上画出过程图。

（2）在这一过程中系统总吸热多少？

（3）系统内能总的改变等于多少？

（4）氦气对外界做的总功是多少？其中，绝热膨胀过程对外界做的功是多少？

（5）系统终态的体积是多少？

【解】

（1）由题意得，系统的初态 1 为

$$V_1 = 20\ \mathrm{L} = 0.02\ \mathrm{m}^3,\quad T_1 = 27 + 273 = 300(\mathrm{K})$$

由理想气体状态方程得

$$p_1 = \frac{\nu RT_1}{V_1} = \frac{2\times 8.31\times 300}{0.02} = 249\ 300(\mathrm{Pa}) \approx 2.46(\mathrm{atm})$$

等压膨胀后达到状态 2，状态参量分别为

$$V_2 = 2V_1 = 40\ \mathrm{L} = 0.04\ \mathrm{m}^3,\quad T_2 = 2T_1 = 600\ \mathrm{K},\quad p_2 = p_1 = 2.46\ \mathrm{atm}$$

图 3－10 中的 2～3 为绝热过程，绝热指数 $\gamma = \frac{5}{3}$，状态 3 的状态参量分别为

$$T_3 = T_1 = 300\ \mathrm{K},\quad V_3 = V_2\left(\frac{T_2}{T_1}\right)^{\frac{1}{\gamma-1}} = 40\times 2^{1.5}\ \mathrm{L} = 113\ \mathrm{L} = 0.133\ \mathrm{m}^3$$

$$p_3 = \frac{\nu RT_3}{V_3} = \frac{2\times 8.31\times 300}{0.133} = 0.37(\mathrm{atm})$$

$p-V$ 图如图 3－10 所示。

（2）对于单原子分子氦，$C_{v,m} = \frac{3}{2}R$，$C_{p,m} = \frac{5}{2}R$。这一过程中，系统吸收的总热量为

$$Q = Q_{12} + Q_{23} = Q_{12} = \nu C_{p,m}(T_2 - T_1) = 2\times\frac{5}{2}\times 8.31\times 300 = 1.2\times 10^4(\mathrm{J})$$

（3）内能是态函数，对理想气体内能的总改变只取决于初态和末态的温度。由于 $T_3 = T_1$，温度不变，所以系统内能总的改变等于 0。

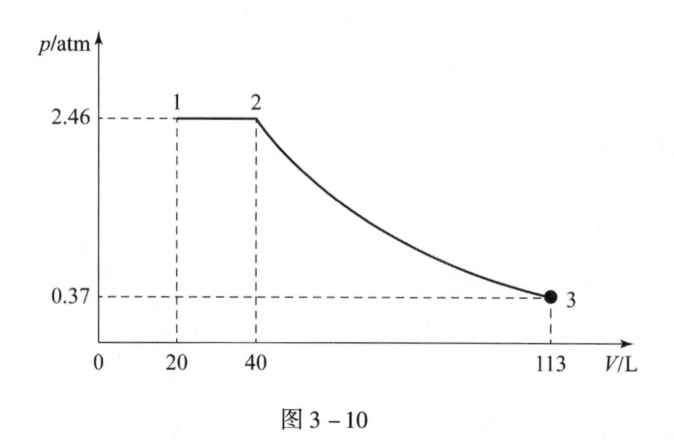

图 3－10

（4）这一过程中，氦气对外界做的总功 $W=W_{12}+W_{23}$ 等于系统从外界吸收的热量 Q，因此

$$W=W_{12}+W_{23}=Q=1.25\times10^{4}\ \text{J}$$

状态 1→状态 2 为等压膨胀过程

$$W_{12}=p_1(V_2-V_1)=249\ 300\times0.02=4.99\times10^{3}(\text{J})$$

因此，绝热膨胀过程氦气对外界做的总功为

$$W_{23}=W-W_{12}=1.25\times10^{4}-4.99\times10^{3}=7.5\times10^{3}(\text{J})$$

（5）系统终态的体积为

$$V_3=113\ \text{L}=0.133\ \text{m}^3$$

3.20 气缸中存有理想气体压强为 p，体积为 V，活塞与气缸壁之间没有摩擦。以恒定体积准静态加热，使其温度变成原来的 2 倍，然后在恒定压强下冷却，直到其恢复到原来的温度。证明外界对气体所做的功是 pV。

【解】

设初始温度为 T，加热后的压强为 p_2，温度为 $2T$，根据理想气体状态方程，可得

$$\frac{pV}{T}=\frac{p_2V}{2T}$$

即

$$p_2=2p$$

恒压冷却后的体积为 V_2，则

$$\frac{p_2V}{2T}=\frac{p_2V_2}{T}$$

即

$$V_2=\frac{1}{2}V$$

则

$$\Delta V=-\frac{1}{2}V$$

在等体积过程中，外界对气体做功为0；在等压过程中，外界对气体做功为

$$W=-p_2\cdot\Delta V=-2p\cdot\left(-\frac{1}{2}V\right)=pV$$

因此，整个过程中外界对气体做的总功 $W=pV$。

3.21 一定量的氧气在标准状态下的体积为10 L，求下列过程中气体所吸收的热量：

（1）等温膨胀到20 L。

（2）先等体冷却再等压膨胀到（1）中所达到的终态。

设氧气可看作理想气体，且 $C_{V,m}=\frac{5}{2}R$。

【解】

（1）设在 $p-V$ 图（图3-11）等温膨胀的初态为 A，末态为 B。已知 $p_A=1.01\times10^5$ Pa，$V_A=10\text{ L}=10^{-2}\text{ m}^3$，该过程吸收的热量 Q_{AB} 等于气体对外做的功 W_1，即

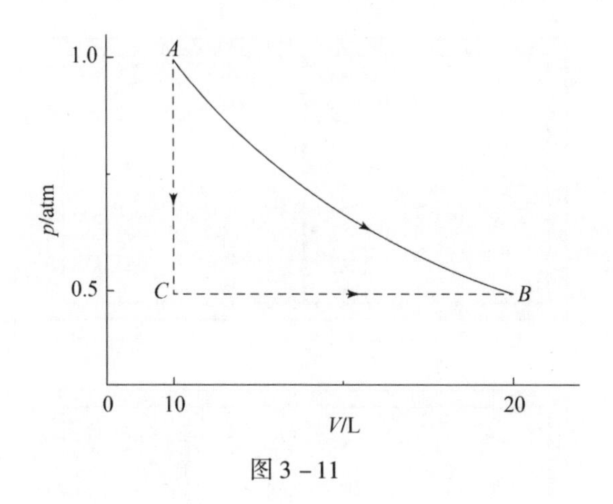

图3-11

$$Q_{AB}=W_1=\nu RT\ln\frac{V_B}{V_A}=p_AV_A\ln\frac{V_B}{V_A}$$

$$=1.01\times10^5\times10^{-2}\times\ln\frac{20}{10}$$

$$=7.02\times10^2(\text{J})$$

（2）等体过程 AC 中放出的热量为

$$Q_2=\nu C_{V,m}(T_C-T_A)=\frac{\nu C_{V,m}(p_C-p_A)V_A}{R}=\frac{5}{2}(p_C-p_A)V_A$$

等压过程 CB 中吸收的热量为

$$Q_3=\nu C_{p,m}(T_B-T_C)=\frac{\nu C_{p,m}(p_BV_B-p_CV_C)}{R}=\frac{7}{2}(p_BV_B-p_CV_C)$$

过程 $A\to C\to B$ 中净吸收的热量为

$$Q_{ACB}=Q_2+Q_3=\frac{5}{2}(p_C-p_A)V_A+\frac{7}{2}(p_BV_B-p_CV_C)$$

由玻意耳－马略特定律（$p_A V_A = p_B V_B$）得到

$$p_B = p_C = \frac{1}{2}p_A = 5.05 \times 10^4 \text{ Pa}$$

因此 $A \to C \to B$ 过程中净吸收的热量为

$$Q_{ACB} = \frac{1}{2}p_A V_A = \frac{1}{2} \times 1.01 \times 10^5 \times 10^{-2} = 5.05 \times 10^2 (\text{J})$$

3.22 一绝热活塞将两端封闭的绝热气缸分成 A、B 两部分，A 和 B 装有等量的单原子理想气体，活塞可在气缸内无摩擦地自由滑动。开始时，A、B 两边气体的体积均为 R，压强均为 $Q_m^{1\to2} = \frac{1}{4}n_1 \bar{v}_{\text{A}} \cdot m$，温度均为 $m = M/N_a$，如图 3－12 所示。现通过某种装置对 A 中气体缓慢加热，使活塞向右移动。当 B 中气体的压强 $Q_m^{2\to1} = \frac{1}{4}n_2 \bar{v}_{\text{A}} \cdot m$，且 A、B 气体均达到平衡时，停止加热。设活塞移动的过程可视为准静态过程，试计算上述加热过程中传给 A 中气体的热量 Q。

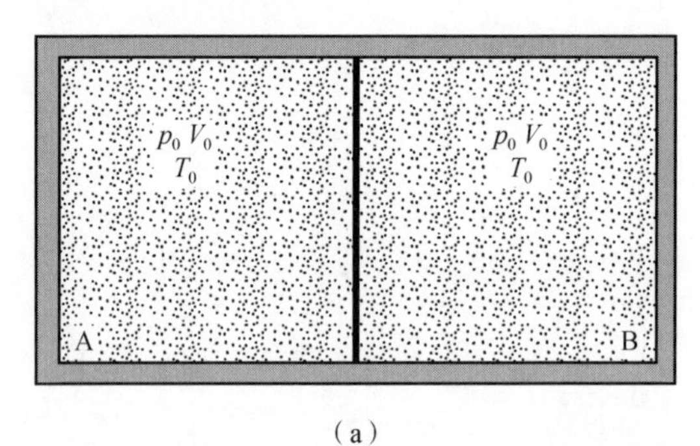

（a）

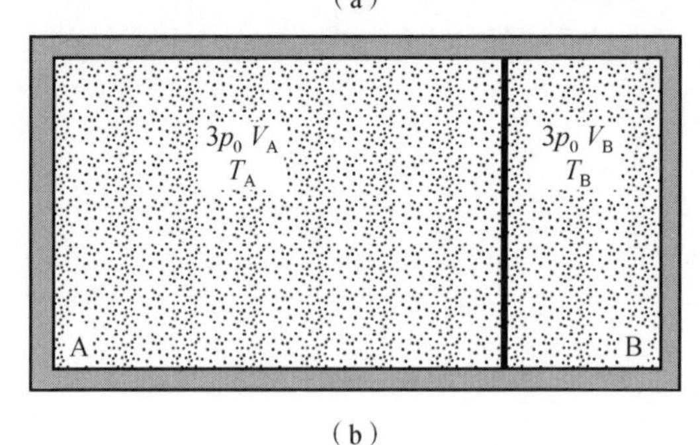

（b）

图 3－12

（a）初态；（b）末态

【解】

将绝热气缸整体视为一个系统，外界对系统不做功，因此，根据热力学第一定律，加热过程中 A 中气体吸收的热量 Q 为

$$Q = \Delta U = \Delta U_{\text{A}} + \Delta U_{\text{B}}$$

式中，ΔU、ΔU_{A}、ΔU_{B} 分别为系统气体、A 中气体和 B 中气体的增量。

通过某种装置对 A 中气体缓慢加热，活塞向右移动，B 中气体经历绝热压缩过程，

直至 $p_B=3p_0$。设气体的绝热指数为 $\gamma=\dfrac{5}{3}$，因此，B 中气体的末态体积和温度分别为

$$V_B=V_0\left(\frac{p_0}{p_B}\right)^{\frac{1}{\gamma}}=3^{-\frac{3}{5}}V_0$$

$$T_B=T_0\left(\frac{p_0}{p_B}\right)^{\frac{1}{\gamma}-1}=3^{\frac{2}{5}}T_0$$

A 中气体的末态体积为

$$V_A=2V_0-V_B=(2-3^{-\frac{3}{5}})\ V_0$$

A 中气体的末态压强为 $p_A=p_B=3p_0$，其初末态的状态方程为

$$p_0V_0=nRT_0,\ p_AV_A=nRT_A$$

因此

$$\frac{T_A}{T_0}=\frac{p_AV_A}{p_0V_0}=3\times(2-3^{-\frac{3}{5}})=6-3^{\frac{2}{5}}$$

A 中气体内能的增量为

$$\Delta U_A=\frac{3}{2}nR(T_A-T_0)=\frac{3}{2}\frac{p_0V_0}{T_0}(T_A-T_0)=\frac{3}{2}p_0V_0\left(\frac{T_A}{T_0}-1\right)=\frac{3}{2}p_0V_0(5-3^{\frac{2}{5}})$$

B 中气体内能的增量为

$$\Delta U_B=\frac{3}{2}nR(T_B-T_0)=\frac{3}{2}\frac{p_0V_0}{T_0}(T_B-T_0)=\frac{3}{2}p_0V_0\left(\frac{T_B}{T_0}-1\right)=\frac{3}{2}p_0V_0(3^{\frac{2}{5}}-1)$$

因此，加热过程中 A 中气体吸收的热量 Q 为

$$Q=\Delta U_A+\Delta U_B=6p_0V_0$$

3.23　如图 3－13 所示，在一个高为 H 的封闭气缸内有一个质量和厚度均可忽略不计的活塞 B，活塞 B 把气缸分成上下两部分。气缸的顶部挂有一劲度系数为 k 的弹簧，弹簧的下端和活塞 B 相连，弹簧的自然长度等于气缸的高度。活塞可以在气缸内无摩擦地滑动，气缸和活塞的热容量以及散热均可忽略不计。开始时活塞的下部有一定量的定容摩尔热容为 $C_{V,m}$ 的理想气体，活塞的高度为 h_1，活塞上部的气缸被抽成真空。问：当气体吸收热量 Q 后，活塞所处的高度 h_2 是多少？

【解】

设活塞下部气体的摩尔数为 ν，初始时气体的压强、体积和温度分别为 p_1、V_1 和 T_1，由理想气体状态方程和力平衡条件得

$$p_1V_1=\nu RT_1,\ p_1S=kh_1,\ V_1=h_1S$$

式中，S 为活塞 B 的横截面积，由上面 3 式解得

$$kh_1^2=\nu RT_1$$

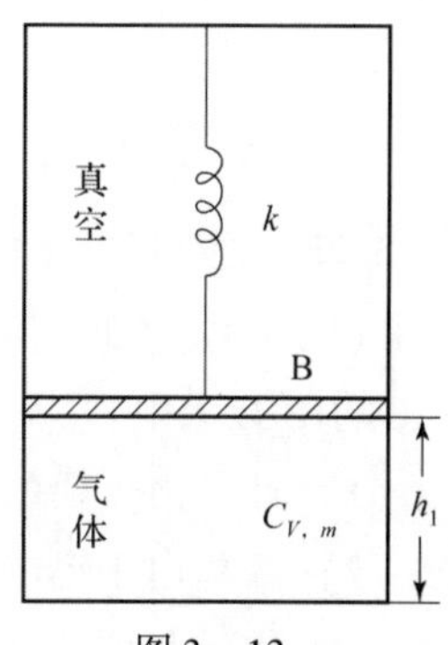

图 3－13

当气体吸收热量 Q 后，气体的温度和压强分别为 T_2 和 p_2，活塞所处的高度为 h_2，同理可得

$$kh_2^2=\nu RT_2$$

气体对活塞弹簧系统所做的功 W 等于弹簧弹性势能的增加量，即

$$W=\frac{1}{2}k(h_2^2-h_1^2)$$

气体内能的增加量为

$$\Delta U=\nu C_{V,m}(T_2-T_1)=\frac{C_{V,m}}{R}k(h_2^2-h_1^2)$$

由热力学第一定律得

$$Q=\Delta U+W=\frac{C_{V,m}}{R}k(h_2^2-h_1^2)+\frac{1}{2}k(h_2^2-h_1^2)$$

因此，解得当气体吸收热量 Q 后，活塞所处的高度为

$$h_2=\sqrt{h_1^2+\frac{2RQ}{k(R+2C_{V,m})}}$$

3.24 已知水的比热容 $c=4.2\times10^3$ J/(kg·℃)，冰的融化热 $L=333$ kJ/kg。设咖啡的热力学特性与水相同。现有一杯 200 g 咖啡，温度为 95 ℃，问：

（1）假设你想通过加入 20 ℃的水来冷却咖啡．则需要添加多少水才能使混合物在平衡时温度是 75 ℃？

（2）如果用 0 ℃的冰代替水来冷却咖啡，则要添加多少冰才能使混合物在平衡时温度是 75 ℃？

【解】

水的比热容 $c=4.2\times10^3$ J/(kg·℃)，冰的融化热 $L=333$ kJ/kg

（1）设需要添加 $m_{水}$的水，则

$$m_{水}c\Delta T_{水}=-m_{咖}c\Delta T_{咖}$$

已知 $m_{咖}=200$ g，$\Delta T_{咖}=75-95=-20$（℃），$\Delta T_{水}=75-20=55$（℃），所以

$$m_{水}=m_{咖}\frac{-\Delta T_{咖}}{\Delta T_{水}}=200\times\frac{-(75-95)}{75-20}=72.7(\text{g})$$

（2）设需要添加 $m_{冰}$的冰，此时要考虑冰的融化热，则

$$m_{冰}L+m_{水}c\Delta T_{水}=-m_{咖}c\Delta T_{咖}$$

所以

$$m_{冰}=m_{咖}\frac{-c\Delta T_{咖}}{L+c\Delta T_{水}}=0.2\times\frac{-4.2\times10^3\times(75-95)}{333\times10^3+4.2\times10^3\times(75-0)}=25.9(\text{g})$$

3.25 已知铅的比热容 $c_{铅}=0.13\times10^3$ J/(kg·℃)，水的比热容 $c=4.2\times10^3$ J/(kg·℃)。现将一块质量为 2.5 kg、温度为 95 ℃的热铅从 35 m 的塔顶坠入 20 ℃的10 L 水中。

（1）计算由于铅的热性质而使水升高的温度。

（2）计算由于铅的重力势能而使水升高的温度。

（3）比较和评估（1）和（2）的结果。

【解】

（1）10 L 水的质量为 10 kg。

假设铅块在下落过程中温度不变，落入水中最终达到热平衡后系统的温度为 t，则有

$$m_{铅} c_{铅}(t_{铅}-t)+m_{铅} gh=m_{水} c_{水}(t-t_{水})$$

可得

$$t=\frac{m_{铅} c_{铅} t_{铅}+m_{铅} gh+m_{水} c_{水} t_{水}}{m_{铅} c_{铅}+m_{水} c_{水}}$$

代入数值，得

$$t=20.569\ ℃$$

通过热传递使水升高的温度为

$$m_{铅} c_{铅}(t_{铅}-t)=m_{水} c_{水} \Delta t$$

$$\Delta t=\frac{m_{铅} c_{铅}(t_{铅}-t)}{m_{水} c_{水}}=0.576\ ℃$$

（2）由于铅的重力势能而使水升高的温度为

$$m_{铅} gh=m_{水} c_{水} \Delta t$$

$$\Delta t=\frac{m_{铅} gh}{m_{水} c_{水}}=0.020\ 42\ ℃$$

（3）相对热传递过程，重力势能对温度变化的影响很小，可以忽略。

3.26　1 g 纯水在 1 大气压下自 27 ℃加热直至全部成为 100 ℃的水蒸气，此时体积为 1 671 cm^3。求对外所做的功及增加的内能。已知水的汽化热 $\lambda=2.26\times10^6$ J/kg，定容摩尔热容 $C_{V,m}=74$ J/(mol · K)，等压体膨胀系数 $\beta=\frac{1}{V}\left(\frac{\partial V}{\partial T}\right)_p=2\times10^{-4}\ K^{-1}$（即在压强不变的情况下，温度升高 1 K 体积的相对变化），水和水蒸气的摩尔质量均为 18×10^{-3} kg/mol，1 m^3 水的质量为 1 000 kg。

【解】

先求自 27 ℃加热到 100 ℃没有发生相变前这一阶段中的水对外界做功，即

$$W=\int p\mathrm{d}V \tag{1}$$

本题过程是在等压下进行，即 $\mathrm{d}p=0$。由 $\mathrm{d}V=\left(\frac{\partial V}{\partial T}\right)_p\mathrm{d}T+\left(\frac{\partial V}{\partial p}\right)_T\mathrm{d}p$，可得

$$\mathrm{d}V=\left(\frac{\partial V}{\partial T}\right)_p\mathrm{d}T=\beta V\mathrm{d}T \tag{2}$$

将式（2）代入式（1）并积分，得

$$W_1=\int_{300}^{373}p\beta V\mathrm{d}T=p\beta VT\Big|_{300}^{373}=1.5\times10^{-3}(\mathrm{J})$$

在此过程中吸热为

$$Q_1=\frac{m}{M}C_{V,m}\int_{300}^{373}\mathrm{d}T=\left[\frac{1}{18}\times74\times(373-300)\right]=300(\mathrm{J})$$

根据热力学第一定律，这一阶段内能的增加为

$$\Delta U_1=Q_1-W_1=300-1.5\times10^{-3}\approx300(\mathrm{J})$$

再求在 1 atm 下由 100 ℃的水变成 100 ℃的水蒸气这一相变过程中所做的功及内能，已知 1 大气压下 1 g 水的体积为 1 cm³，则

$$W_2 = \int_{V_1}^{V_2} p\mathrm{d}V = p(V_2 - V_1) = [1.013 \times 10^5 \times (1\,671 - 1) \times 10^{-6}] = 169(\mathrm{J})$$

对于内能的计算要特别注意：由于过程是在 100 ℃下进行的相变，容易得出“内能不变”这样错误的结论。须知，只有理想气体的内能才是温度的单值函数。这里是水，其内能不仅随温度而改变，而且随体积也发生改变。此时内能的改变可由热力学第一定律来求，即

$$\Delta U_2 = Q_2 - W_2$$

式中，Q_2 为水汽化时所吸收的热量。注意此处的 W_2 为水对外界所做的功。

$$Q_2 = \lambda m = 2.26 \times 10^6 \times 1 \times 10^{-3} = 2.26 \times 10^3(\mathrm{J})$$

故

$$\Delta U_2 = Q_2 - W_2 = 2.26 \times 10^3 - 169 = 2.09 \times 10^3(\mathrm{J})$$

整个过程中，水对外界做的功总共为

$$W = W_1 + W_2 = 1.5 \times 10^{-3} + 169 \approx 169(\mathrm{J})$$

增加的内能为

$$\Delta U = \Delta U_1 + \Delta U_2 = 300 + 2.09 \times 10^3 = 2.39 \times 10^3(\mathrm{J})$$

3.27 2.5 mol 单原子理想气体（$C_{V,m} = 3R/2$）的初始温度 $T = 300$ K，压强 $p = 1.0$ atm。然后将气体进行三步循环：①压强 p 和体积 V 成比例的方式增加，直到 $p = 2.0$ atm；②在恒定体积下压强降低至 1.0 atm；③在恒定压强下体积减小，直到达初始状态。

（1）求出气体在初始时的内能和所占据的体积。

（2）计算每个步骤的 ΔU、W 和 Q。

（3）求出整个循环的 ΔU、W 和 Q 的净值。

（4）解释：为什么（3）的答案中的符号是有意义的？

【解】

3 个过程在 $p-V$ 平面上，如图 3－14 所示。

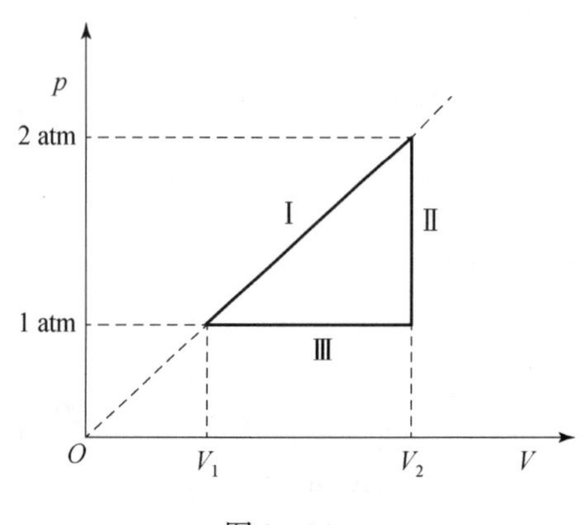

图 3－14

（1）已知 $\nu=2.5\ \text{mol}$，$T_0=300\ \text{K}$，$p_0=1.0\ \text{atm}=1.01\times10^5\ \text{Pa}$。由理想气体状态方程 $p_0V_0=\nu RT_0$ 可得

$$V_0=\frac{\nu RT_0}{p_0}=\frac{2.5\times8.31\times300}{1.01\times10^5}=0.061\ 7\ (\text{m}^3)$$

$$U_0=\nu C_{V,m}T_0=2.5\times\frac{3}{2}\times8.31\times300=9\ 348.75(\text{J})$$

（2）过程①的末态：

$$p_1=2.0\ \text{atm},\ V_1=2V_0,\ T_1=4T_0=1\ 200\ \text{K}$$

内能的变化为

$$\Delta U_1=\nu C_{V,m}\Delta T=\nu C_{V,m}(T_1-T_0)=2.5\times\frac{3}{2}\times8.31\times(1\ 200-300)=28\ 046.25(\text{J})$$

系统做功为

$$\begin{aligned}W_1&=-S_{梯}\\&=-(p_1-p_0)\times(V_1-V_0)\div2\\&=-(1+2)\times1.01\times10^5\times(V_1-V_0)\div2\\&=-3.03\times10^5\times0.061\ 7\div2\\&=-9\ 347.55(\text{J})(系统对外做正功)\end{aligned}$$

系统吸放热为

$$Q_1=\Delta U_1-W_1=37\ 393.8\ \text{J}\ (系统吸热)$$

过程②的末态为

$$p_2=1.0\ \text{atm},\ V_2=2V_0,\ T_2=2T_0=600\ \text{K}$$

内能的变化为

$$\Delta U_2=\nu C_{V,m}\Delta T=\nu C_{V,m}(T_2-T_1)=2.5\times\frac{3}{2}\times8.31\times(600-1\ 200)=-18\ 697.5(\text{J})$$

系统做功为

$$W_2=0$$

系统吸放热为

$$Q_2=\Delta U_2-W_2=-18\ 697.5\ \text{J}(系统放热)$$

过程③的末态为

$$p_3=p_0=1.0\ \text{atm},\ V_3=V_0,\ T_3=T_0=300\ \text{K}$$

内能的变化为

$$\Delta U_3=\nu C_{V,m}\Delta T=\nu C_{V,m}(T_3-T_2)=2.5\times\frac{3}{2}\times8.31\times(300-600)=-9\ 348.75(\text{J})$$

系统做功为

$$W_3=-p(V_2-V_1)=-1.01\times10^5\times(-0.061\ 7)=6\ 231.7(\text{J})(外界对系统做正功)$$

系统吸放热为

$$Q_3=\Delta U_3-W_3=-15\ 580.45\ \text{J}(系统放热)$$

（3）整个循环

$\Delta U=0$，$W=W_1+W_2+W_3=-9\ 347.55+6\ 231.7=-3\ 115.85(\mathrm{J})$（系统对外界做正功）

$$Q=\Delta U-W=3\ 115.85\ \mathrm{J}\ （系统吸热）$$

（4）由（3）可知，正负号反映了系统做功和吸放热的方向，在该过程中系统从外界环境中吸热，同时对外做功，内能不变。

3.28 求出 1 mol 单原子理想气体在 1 atm 下等压膨胀时体积从 5 m^3 到 10 m^3 的内能变化。已知单原子理想气体的 γ 为 5/3。

【解】

由理想气体状态方程 $pV=\nu RT$ 可得

$$pV_1=\nu RT_1$$

$$pV_2=\nu RT_2$$

两式相减可得

$$\Delta T=T_2-T_1=\frac{p}{\nu R}(V_2-V_1)$$

所以

$$\Delta U=\nu\frac{3}{2}R\times\Delta T=\nu\frac{3}{2}R\times\frac{p}{\nu R}(V_2-V_1)$$

$$=\frac{3}{2}\times1.01\times10^5\times(10-5)=7.58\times10^5(\mathrm{J})$$

3.29 证明在 $p-V$ 图上，通过某点的理想气体的绝热曲线比通过同一点的等温线陡峭 γ 倍。

【证明】

对于等温线，$pV=C$，可得

$$V\mathrm{d}p+p\mathrm{d}V=0,\quad \left(\frac{\mathrm{d}p}{\mathrm{d}V}\right)_T=-\frac{p}{V}$$

对于绝热过程，$pV^{\gamma}=C_2$，两边微分，可得

$$V^{\gamma}\mathrm{d}p+\gamma pV^{\gamma-1}\mathrm{d}V=0$$

化简可得

$$\left(\frac{\mathrm{d}p}{\mathrm{d}V}\right)_Q=-\gamma\left(\frac{p}{V}\right)$$

于是有 $\left(\frac{\mathrm{d}p}{\mathrm{d}V}\right)_Q\Big/\left(\frac{\mathrm{d}p}{\mathrm{d}V}\right)_T=\gamma$，命题得证。

3.30 当 γ 为常数时，若理想气体在某一过程中的热容量也是常数，证明此过程一定是多方过程。

【证明】

已知 $C_p-C_V=\nu R$，$\frac{C_p}{C_V}=\gamma$，由此得 $C_V=\frac{\nu R}{\gamma-1}$。

设在该过程中的热容量为 C，则过程中吸收的热量 $\delta Q=C\mathrm{d}T$，由热力学第一定律得 $\delta Q=\mathrm{d}U+p\mathrm{d}V$，故

$$C\mathrm{d}T=\mathrm{d}U+p\mathrm{d}V=C_V\mathrm{d}T+p\mathrm{d}V$$

因此

$$(C - C_V)\mathrm{d}T = p\mathrm{d}V \tag{1}$$

由理想气体状态方程 $pV = \nu RT$，得

$$\mathrm{d}T = \frac{\mathrm{d}(pV)}{\nu R} = \frac{1}{\nu R}(p\mathrm{d}V + V\mathrm{d}p) \tag{2}$$

联立式（1）和式（2），消去 $\mathrm{d}T$，得

$$V\mathrm{d}p + \left(1 - \frac{\nu R}{C - C_V}\right)p\mathrm{d}V = 0 \tag{3}$$

设上式括号中的常数为 n，则式（3）可写为

$$V\mathrm{d}p + np\mathrm{d}V = 0$$

因此

$$\mathrm{d}(pV^n) = 0, pV^n = 常数$$

此过程是多方过程。

证毕。

3.31　今有一理想气体，其状态参量遵从关系式 $p^{\frac{1}{2}}V = 常数$。问：

（1）该气体的温度和压强之间有何关系？

（2）当气体膨胀时系统的温度是升高还是降低？

（3）此过程中气体的比热容可否表示为 $c = \frac{C_{V,m} - R}{M}$？式中 M 为摩尔质量。

【解】

（1）根据理想气体状态方程 $pV = \frac{m}{M}RT$ 移项得 $V = \frac{m}{M}R\frac{T}{p}$，代入题中已给的关系式，得

$$p^{\frac{1}{2}}V = p^{\frac{1}{2}}\frac{m}{M}R\frac{T}{p} = c$$

式中，c 为常数。

整理得

$$T = c\sqrt{p}$$

（2）由题中 $p^{\frac{1}{2}}V$ 为常数，可知当气体膨胀时，压强会降低；又由（1）可知，压强降低则系统的温度下降。

（3）比热容的定义式为

$$c = \frac{\delta Q}{m\mathrm{d}T} = \frac{1}{m}\frac{\mathrm{d}U + p\mathrm{d}V}{\mathrm{d}T} \tag{1}$$

对 $p^{\frac{1}{2}}V$ 为常数求全微分，则 $\frac{1}{2}p^{-\frac{1}{2}}V\mathrm{d}p + p^{\frac{1}{2}}\mathrm{d}V = 0$，即

$$V\mathrm{d}p + 2p\mathrm{d}V = 0 \tag{2}$$

对理想气体状态方程两边求导，得

$$V\mathrm{d}p + p\mathrm{d}V = \frac{m}{M}R\mathrm{d}T \tag{3}$$

将式（2）减去式（3），得

$$p\mathrm{d}V=-\frac{m}{M}R\mathrm{d}T \tag{4}$$

将式（4）代入式（1），又由于理想气体的内能表达式为 $\mathrm{d}U=C_{V,m}\frac{m}{M}\mathrm{d}T$，得

$$c=\frac{1}{m}\left(\frac{m}{M}C_{V,m}-\frac{m}{M}R\right)=\frac{1}{M}(C_{V,m}-R)$$

因此，此过程中气体的比热容可以表示为 $c=\frac{C_{V,m}-R}{M}$，式中 M 为摩尔质量。

3.32 在 1 atm 下，10 L 气体被等温压缩至 1 L，然后再绝热膨胀至 10 L。

（1）对单原子分子气体，在 $p-V$ 图上画出此过程。

（2）对双原子分子气体，画出同样的图。

（3）是外界对体系做功？还是体系对外界做功？

（4）对单原子分子气体及双原子分子气体，哪个做功比较大？

【解】

设气体从 A 态经过等温压缩至 B 态，再经过绝热膨胀至 C 态，由题意得

$$V_A=10\ \mathrm{L},\ V_B=1\ \mathrm{L},\ V_C=10\ \mathrm{L},\ p_A=1\ \mathrm{atm}$$

$A\to B$ 为等温压缩过程，故 $pV=$ 常数，即 $p_AV_A=p_BV_B$，因而得

$$p_B=\frac{V_A}{V_B}p_A=10(\mathrm{atm})$$

$B\to C$ 为绝热膨胀过程，故 pV^γ 为常数，即 $p_BV_B^\gamma=p_CV_C^\gamma$，因而得

$$p_C=\left(\frac{V_B}{V_C}\right)^\gamma p_B=10^{1-\gamma}(\mathrm{atm})$$

根据定义，$\gamma=\frac{C_p}{C_V}=\frac{R+C_V}{C_V}=1+\frac{R}{C_V}$，且 $C_V=\frac{i}{2}R$，i 为分子的自由度，所以，

（1）对单原子分子气体：

$$\gamma=\frac{5}{3},\ p_C=10^{-\frac{2}{3}}=0.215(\mathrm{atm})$$

（2）对双原子分子气体：

$$\gamma=\frac{7}{5},\ p_C=10^{-\frac{2}{5}}=0.398(\mathrm{atm})$$

由于 $\gamma_{双}<\gamma_{单}$，因而双原子分子气体的 BC 曲线高于单原子分子气体的 BC 曲线，$p-V$ 图如图 3－15 所示。

（3）等温压缩过程的曲线 AB 比绝热膨胀过程曲线 BC 高，所以是外界对体系做功。

（4）单原子分子气体绝热膨胀过程的曲线 BC 与横坐标围成的面积比双原子分子气体的面积更小，单原子分子气体等温压缩过程的曲线 AB 与横坐标围成的面积与双原子分子气体的面积一样，因此，单原子分子气体曲线 ABC 围成的面积更大，因此，外界对单原子气体做的功比较大。

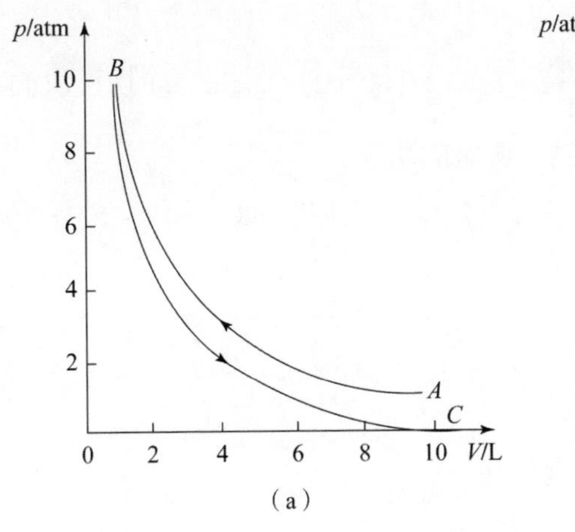

(a)

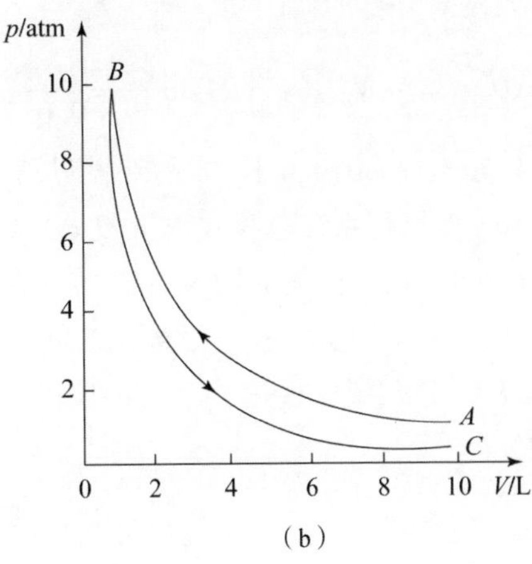

(b)

图 3-15

(a) 单原子分子气体；(b) 双原子分子气体

3.33 今有 0.016 kg 的氧气，在标准状况下使其经历下面两个过程而到达同一状态：

(1) 先等容加热，使其温度升高至 80 ℃；然后做等温膨胀，体积变为原来的 2 倍。

(2) 先使其做等温膨胀至原来体积的 2 倍；然后保持体积不变，加热至 80 ℃。已知 $C_V = 20.8\ \text{J}/(\text{mol}^{-1}\cdot\text{K})$。

分别计算上述两个过程中所吸收的热量、对外界所做的功及内能的变化。

【解】

(1) 如图 3-16 所示，计算沿路径 1-a-2 进行的过程。

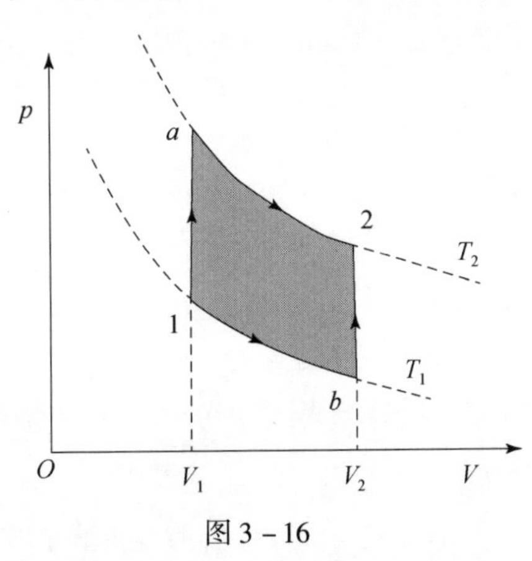

图 3-16

1-a 为等容升温过程，系统不对外界做功，系统吸收的热量等于其内能的增量，即

$$\Delta Q_{1-a} = \Delta U_{1-a} = \frac{m}{M}C_V\Delta T = \frac{0.016}{0.032}\times 20.8\times 80 = 832(\text{J})$$

a-2 为等温膨胀过程，体积由 V 膨胀至 $2V$，系统内能的增量为 0，系统吸收的热

量等于系统对外界所做的功，即

$$\Delta Q_{a-2}=-W_{a-2}=\frac{m}{M}RT_2\ln\frac{V_2}{V_1}=\frac{0.016}{0.032}\times 8.31\times(80+273)\times\ln 2=1\,016.6(\mathrm{J})$$

式中，$W_{a-2}=-1\,016.6$ J，表示外界对系统所做的功。

$1-a-2$ 过程系统总吸收热量 $Q=\Delta Q_{1-a}+\Delta Q_{a-2}=1\,848.6$ J，系统对外界所做的功为 1 016.6 J，系统内能的增量 $\Delta U=Q+W=832$ J。

（2）如图 3－16 所示，计算沿路径 $1-b-2$ 进行的过程。

$1-b$ 为等温膨胀过程，系统内能的增量为 0，系统吸收的热量等于系统对外界所做的功，即

$$\Delta Q_{1-b}=-W_{1-b}=\frac{m}{M}RT_1\ln\frac{V_2}{V_1}=\frac{0.016}{0.032}\times 8.31\times 273\times\ln 2=786.2(\mathrm{J})$$

式中，$W_{1-b}=-786.2$ J，表示外界对系统所做的功。

$b-2$ 为等容升温过程，系统对外界不做功，系统吸收的热量等于其内能的增量，即

$$\Delta Q_{b-2}=\Delta U_{b-2}=\frac{m}{M}C_V\Delta T=\frac{0.016}{0.032}\times 20.8\times 80=832(\mathrm{J})$$

$1-b-2$ 过程系统总吸收热量 $Q=\Delta Q_{1-b}+\Delta Q_{b-2}=1\,618.2$ J，系统对外界所做的功为 786.2 J，系统内能的增量 $\Delta U=Q+W=832$ J。

比较计算结果容易看出：虽然初态和终态相同，但由于所经历的变化过程不同，吸热和做功也就不同，即热量和功不是状态的单值函数。但在两种情况下，内能变化相同，说明内能是状态的单值函数。

3.34 1 mol 双原子理想气体从初态 $p_1=100$ atm，$V_1=1$ L，经下列两种不同过程 $p=\frac{100}{V^2}$ 及 $p=124-24V$ 而至末态 $p_2=4$ atm，$V_2=5$ L。求外界对气体在每一种过程中所做的功及气体吸收的热量。

【解】

外界对气体在两过程中对外界所做的功分别为

$$W_1=\int_1^5\frac{100}{V^2}\mathrm{d}V=-100\times\left(\frac{1}{5}-1\right)=80(\mathrm{atm/L})=8.1\times 10^3(\mathrm{J})$$

$$W_2=\int_1^5(124-24V)\mathrm{d}V=(124V-12V^2)\mid_1^5=208(\mathrm{atm/L})=2.1\times 10^4(\mathrm{J})$$

气体从外界吸收的热量为

$$\delta Q=\mathrm{d}U+p\mathrm{d}V=C_V\mathrm{d}T+p\mathrm{d}V$$

对于过程 $p=\frac{100}{V^2}$，由理想气体状态方程得 $T=\frac{pV}{R}=\frac{100}{RV}$，所以 $\mathrm{d}T=-\frac{100}{RV^2}\mathrm{d}V$，代入上式，得

$$\delta Q=-C_V\frac{100}{RV^2}\mathrm{d}V+\frac{100}{V^2}\mathrm{d}V=100\left(1-\frac{C_V}{R}\right)\frac{\mathrm{d}V}{V^2}$$

$$Q_1 = \int \mathrm{d}Q = 100\left(1 - \frac{C_V}{R}\right)\int_1^5 \frac{\mathrm{d}V}{V^2}$$

$$= 100 \times \left(1 - \frac{5}{2}\right)\times\left(1 - \frac{1}{5}\right)$$

$$= -120(\mathrm{atm/L}) = -1.2\times10^4(\mathrm{J})$$

对于过程 $p=124-24V$，同理可得，气体从外界吸收的热量 $Q_2=810$ J。

3.35 证明，对于理想气体的可逆绝热膨胀，以下关系式成立：

$$TV^{\gamma-1}=常量，\frac{T}{p^{1-1/\gamma}}=常量$$

铀原子弹爆炸后不久会形成一个半径 15 m 的大火球，它是由温度为 300 000 K 的气体组成。假设膨胀是绝热的并且火球保持球形，当温度为 3 000 K 时，估计球的半径是多少？空气取 $\gamma=1.4$。

【证明】

根据题意，绝热过程满足

$$\delta Q=0,\ \mathrm{d}U=\delta W=-p\mathrm{d}V$$

对于理想气体的绝热过程，

$$C_V\mathrm{d}T+\nu RT\frac{\mathrm{d}V}{V}=0$$

上式两边同时除以 C_VT，得

$$\frac{\mathrm{d}T}{T}+\frac{C_p-C_V}{C_V}\frac{\mathrm{d}V}{V}=0$$

令

$$\gamma=C_p/C_V=C_{p,m}/C_{V,m}$$

则有

$$\frac{\mathrm{d}T}{T}+(\gamma-1)\frac{\mathrm{d}V}{V}=0$$

积分，得

$$TV^{\gamma-1}=常量$$

利用理想气体状态方程，得

$$\frac{T}{p^{1-1/\gamma}}=常量$$

证毕。

设火球的半径为 R，根据题意，火球膨胀过程是绝热的，则利用理想气体绝热过程方程可得

$$T_1V_1^{\gamma-1}=T_2V_2^{\gamma-1}$$

$$\frac{T_1}{T_2}=\frac{V_2^{\gamma-1}}{V_1^{\gamma-1}}=\frac{R_2^{6/5}}{R_1^{6/5}}$$

已知 $T_1=300\ 000$ K，$T_2=3\ 000$ K，$R_1=15$ m，由上式解得 $R_2\approx696$ m。

3.36 绝热指数为 γ 的气体从初始状态（p_i，V_i）绝热准静态压缩到末状态（p_f，V_f）。

（1）证明该过程中所做的功 $W=\frac{p_iV_i}{\gamma-1}\left[\left(\frac{V_i}{V_f}\right)^{\gamma-1}-1\right]$。

（2）计算 1 mol 氦气初始状态 $p=1.0$ atm 和 $T=300$ K，绝热压缩到其初始体积的一半时的做功。

（3）计算从同一初始点到初始体积一半的等温压缩做功。解释绝热压缩和等温压缩的数值结果之间的差异。

【证明】

（1）利用理想气体准静态绝热过程的过程方程，绝热压缩过程做功为

$$W=-\int_{V_i}^{V_f}p\mathrm{d}V=-\int_{V_i}^{V_f}\frac{p_iV_i^{\gamma}}{V^{\gamma}}\mathrm{d}V=\frac{p_iV_i}{\gamma-1}\left[\left(\frac{V_i}{V_f}\right)^{\gamma-1}-1\right]$$

证毕。

【解】

（2）对于氦气，$\gamma=\frac{5}{3}$，绝热压缩到其初始体积一半时做功为

$$W=\frac{p_iV_i}{\gamma-1}\left[\left(\frac{V_i}{V_f}\right)^{\gamma-1}-1\right]=\frac{3RT}{2}(2^{2/3}-1)=2\ 196.59(\mathrm{J})$$

（3）对于等温压缩到其初始体积一半时做功为

$$W=-\nu RT\ln\left(\frac{V_2}{V_1}\right)=\nu RT\ln 2=1\ 728.2(\mathrm{J})$$

理想气体的绝热曲线比通过同一点的等温线陡峭 γ 倍，从相同的状态出发，压缩相同的体积，绝热过程中的做功要大于等温过程中的做功。

3.37 用绝热材料制成一圆柱形容器，其中间放一无摩擦的绝热活塞，活塞两侧各有质量相同的理想气体，$C_{V,m}=16.6\mathrm{J/(mol\cdot K)}$，$\gamma=1.5$。开始状态均为 $p_1=1.013\times10^5$ Pa，$V_1=3.6\times10^{-2}\ \mathrm{m}^3$，$T_1=0$ ℃。现设法使左侧气体加热，则左侧气体膨胀，并通过活塞使右侧气体压缩，最后右方气体压强增为 $p_{2右}=\frac{27}{8}p_1$。问：

（1）右侧气体对外界做了多少功？

（2）右侧气体的最终温度是多少？

（3）左侧气体的最终温度是多少？

（4）左侧气体吸收了多少热量？

【解】

（1）右侧气体经历绝热压缩过程，对外界做功为

$$\begin{aligned}W&=\int_{V}^{V_{2右}}p\mathrm{d}V\\&=\int_{V}^{V_{2右}}\frac{p_1V_1^{\gamma}}{V^{\gamma}}\mathrm{d}V\\&=\frac{p_1V_1^{\gamma}}{1-\gamma}(V_{2右}^{1-\gamma}-V_1^{1-\gamma})\\&=\frac{p_1V_1}{1-\gamma}\left[\left(\frac{V_{2右}}{V_1}\right)^{1-\gamma}-1\right]\end{aligned}\tag{1}$$

利用理想气体的绝热过程方程 $p_1V_1^{\gamma}=p_{2右}V_{2右}^{\gamma}$，可得

$$\left(\frac{V_{2右}}{V_1}\right)^{1-\gamma}=\left(\frac{p_1}{p_{2右}}\right)^{\frac{1-\gamma}{\gamma}}$$

将上式代入式（1），可得

$$\begin{aligned}W&=\frac{p_1V_1}{1-\gamma}\left[\left(\frac{p_1}{p_{2右}}\right)^{\frac{1}{\gamma}-1}-1\right]\\&=\frac{1.013\times10^5\times3.6\times10^{-2}}{1-1.5}\times\left[\left(\frac{8}{27}\right)^{\frac{1}{1.5}-1}-1\right]\\&=-3.65\times10^3(\mathrm{J})\end{aligned}$$

右侧气体对外界做负功，$W=-3.65\times10^3$ J。

（2）由于 $T_1^{-\gamma}p_1^{\gamma-1}=T_{2右}^{-\gamma}p_{2右}^{\gamma-1}$，右侧气体的最终温度为

$$T_{2右}=T_1\left(\frac{p_{2右}}{p_1}\right)^{\frac{\gamma-1}{\gamma}}=273\times\left(\frac{27}{8}\right)^{\frac{1.5-1}{1.5}}=409.5(\mathrm{K})$$

（3）当过程停止时，左、右两侧气体压强相等，即

$$p_{2左}=p_{2右}=\frac{27}{8}p_1$$

由于右侧为绝热过程，则过程停止时右侧气体体积为

$$V_{2右}=V_1\left(\frac{p_1}{p_{2右}}\right)^{\frac{1}{\gamma}}=0.036\times\left(\frac{8}{27}\right)^{\frac{1}{1.5}}=0.016\ (\mathrm{m}^3)$$

因此，左侧气体在过程停止时所占的体积为

$$V_{2左}=2V_1-V_{2右}=2\times0.036-0.016=0.056\ (\mathrm{m}^3)$$

由于$\frac{p_1V_1}{T_1}=\frac{p_{2左}V_{2左}}{T_{2左}}$，则左侧气体的最终温度为

$$T_{2左}=\frac{p_{2左}V_{2左}}{p_1V_1}T_1=\frac{27}{8}\times\frac{0.056}{0.036}\times273=1\ 433.3(\mathrm{K})$$

（4）左侧气体的做功就等于右侧气体做功的负值。由热力学第一定律，左侧气体吸收的热量为

$$\begin{aligned}Q&=\Delta U-W\\&=\frac{m}{M}C_{V,m}\Delta T-W\\&=\frac{p_1V_1}{RT_1}C_{V,m}\Delta T-W\\&=\frac{1.013\times10^5\times0.036}{8.31\times273}\times16.6\times(1\ 433.3-273)+3.65\times10^3\\&=3.46\times10^4(\mathrm{J})\end{aligned}$$

3.38 由于空气的导热性能很差，所以可把空气的上升膨胀看作绝热过程。试用大气压随高度变化的公式 $p=p_0\mathrm{e}^{-\frac{Mg}{RT}h}$，求证

$$h=\frac{C_{p,m}T_0}{Mg}\left[1-\left(\frac{p}{p_0}\right)^{\frac{\gamma-1}{\gamma}}\right]$$

式中，h 为距离地面的高度；T_0、p_0 分别为地面的温度、压强；p 为 h 高处的压强；M 为气体的摩尔质量。

【证明】

由于大气压随高度的变化满足 $p=p_0e^{-\frac{Mg}{RT}h}$，因此在 $h\sim h+\mathrm{d}h$ 区间内，压强变化为

$$\mathrm{d}p=-\frac{Mg}{RT}p_0e^{-\frac{Mgh}{RT}}\mathrm{d}h=-\frac{Mg}{RT}p\mathrm{d}h$$

因此，空气绝热膨胀上升的高度与压强的关系为

$$h=\int_0^h\mathrm{d}h=-\frac{R}{Mg}\int_{p_0}^{p}T\frac{\mathrm{d}p}{p} \tag{1}$$

因为此过程是绝热过程，则 $p^{\gamma-1}T^{-\gamma}=p_0^{\gamma-1}T_0^{-\gamma}$，即

$$T=T_0\left(\frac{p}{p_0}\right)^{\frac{\gamma-1}{\gamma}} \tag{2}$$

将式（2）代入式（1），做定积分，得

$$\begin{aligned}h&=-\frac{R}{Mg}\int_{p_0}^{p}T_0\left(\frac{p}{p_0}\right)^{\frac{\gamma-1}{\gamma}}\frac{\mathrm{d}p}{p}\\&=-\frac{R}{Mg}T_0p_0^{\frac{1-\gamma}{\gamma}}\int_{p_0}^{p}p^{-\frac{1}{\gamma}}\mathrm{d}p\\&=-\frac{R}{Mg}T_0p_0^{\frac{1-\gamma}{\gamma}}\frac{\gamma}{\gamma-1}\left(p^{\frac{\gamma-1}{\gamma}}-p_0^{\frac{\gamma-1}{\gamma}}\right)\\&=-\frac{R}{Mg}\frac{\gamma}{\gamma-1}T_0\left[\left(\frac{p}{p_0}\right)^{\frac{\gamma-1}{\gamma}}-1\right]\end{aligned} \tag{3}$$

因为 $\gamma=\frac{C_{p,m}}{C_{V,m}}$，$R=C_{p,m}-C_{V,m}$，所以

$$\gamma R=(\gamma-1)C_{p,m} \tag{4}$$

将式（4）代入式（3），得

$$h=\frac{C_{p,m}T_0}{Mg}\left[1-\left(\frac{p}{p_0}\right)^{\frac{\gamma-1}{\gamma}}\right]$$

证毕。

3.39 一个由理想气体组成的星际云，其半径按照下式减小：

$$R=10^{13}\left(\frac{-t}{216}\right)^{2/3}\ \mathrm{m}$$

式中，t 为时间（单位为年），半径取 0 时 t 也取 0，因此 t 总是负的。云层在 10 K 时等温崩塌，直到半径达到 10^{13} m，然后变得不透明，因此，从那时起，崩塌以可逆绝热（$\gamma=5/3$）方式发生。从云的半径达到 10^{13} m 时开始，温度上升至 800 K 需要多少年？

【解】

根据绝热过程的过程方程 $T_1V_1^{\gamma-1}=T_2V_2^{\gamma-1}$，可得

$$\frac{T_2}{T_1}=\frac{V_1^{\gamma-1}}{V_2^{\gamma-1}}=\left(\frac{\frac{4}{3}\pi R_1^3}{\frac{4}{3}\pi R_2^3}\right)^{\gamma-1}=\left(\frac{R_1^3}{R_2^3}\right)^{\gamma-1}$$

代入温度和 γ 的值，可得

$$R_2=R_1/\sqrt{80}$$

当半径是 $R=10^{13}$时，代入 $R=10^{13}\left(\frac{-t}{216}\right)^{2/3}$ m，可得时间 $t_1=-216$ 年。

当半径是 $R=10^{13}/\sqrt{80}$时，代入 $R=10^{13}\left(\frac{-t}{216}\right)^{2/3}$ m，可得时间 $t_1=-8.07$ 年。因此，当温度上升 800 K 时，需要时间 $t_2-t_1=208$ 年。

3.40　厚壁绝热室内存有 ν_1 mol 氦气，压强为 p_1，温度为 T_1。气体通过一个小阀门缓慢地泄漏到压强为 p_0 的大气中。证明：留在腔室中氦气的温度和摩尔数分别为

$$T_2=T_1\left(\frac{p_0}{p_1}\right)^{1-(1/\gamma)},\quad \nu_2=\nu_1\left(\frac{p_0}{p_1}\right)^{1/\gamma}$$

提示：将最终留在室内的气体视为一个系统。

【证明】

因为是绝热过程，以最终留在室内的气体为研究的对象，则其初始压强为 p_1，初始温度为 T_1，最终由于气体泄漏，气体压强变成 p_0，温度变为 T_2。

由绝热方程 $\frac{p^{\gamma-1}}{T^{\gamma}}=C$，得

$$\frac{p_1^{\gamma-1}}{T_1^{\gamma}}=\frac{p_2^{\gamma-1}}{T_2^{\gamma}}=\frac{p_0^{\gamma-1}}{T_2^{\gamma}}$$

于是可得

$$T_2=T_1\left(\frac{p_0}{p_1}\right)^{1-1/\gamma}$$

初始室内的气体满足

$$p_1V=\nu_1RT_1$$

末态时满足

$$p_0V=\nu_2RT_2$$

两式相比得到

$$\nu_2=\nu_1\frac{T_1}{T_2}\frac{p_0}{p_1}=\nu_1\left(\frac{p_0}{p_1}\right)^{1/\gamma}$$

证毕。

3.41　已知范德瓦尔斯气体的状态方程为 $(p+a\nu^2/V^2)(V-\nu b)=\nu RT$，计算范德瓦尔斯气体从体积 V_1 准静态膨胀到体积 V_2 时所做的功。

（1）在恒压 p 条件下。

（2）在恒温 T 条件下。

【解】

（1）在恒压条件下，做功为

$$W = p(V_2 - V_1)$$

（2）在恒温条件下，做功为

$$W_T = \int_{V_1}^{V_2} p\mathrm{d}V$$

由范德瓦尔斯状态方程

$$p = \frac{\nu RT}{V - \nu b} - \frac{a\nu^2}{V^2}$$

可得

$$\begin{aligned} W_T &= \int_{V_1}^{V_2} p\mathrm{d}V \\ &= \int_{V_1}^{V_2} \left(\frac{\nu RT}{V - \nu b} - \frac{a\nu^2}{V^2}\right)\mathrm{d}V \\ &= \nu RT\ln\frac{V_2 - \nu b}{V_1 - \nu b} + a\nu^2\frac{V_1 - V_2}{V_1 V_2} \end{aligned}$$

3.42 一个可以自由膨胀的氢气球，将保持气球内外压强相等。随着氢气球不断升高，球外大气压强不断减小。若忽略大气的温度和摩尔质量随高度的变化，问：

（1）氢气球在上升过程中所受的浮力是否变化?

（2）若在标准状态下给氢气球充气后，球壳质量 $m = 12.5$ kg，球壳的体积可以忽略。在0 ℃的等温大气中，这个气球还可悬挂多重物体而不坠下?

【解】

（1）设地面上大气压强为 p_0，密度为 ρ_0，气体的体积为 V_0；在高度为 h 处的大气压强为 p，密度为 ρ，气体的体积为 V。大气温度不随高度变化，因此由玻意耳定律得

$$p_0 V_0 = pV$$

由理想气体状态方程得

$$p_0 = \frac{\rho_0 RT_0}{M},\ p = \frac{\rho RT_0}{M}$$

式中，M 为空气的摩尔质量。因此，

$$\rho_0 V_0 = \rho V$$

气球在大气中所受的浮力等于它所排开的大气的质量，所以气球在高度为 h 时所受的浮力 F_h 为

$$F_h = \rho V = \rho_0 V_0 = F_0$$

式中，F_0 为气球在地面上所受的浮力。因此，气球在上升过程中所受的浮力不变。

（2）设气球内氢气的质量为 m_0，球壳质量为 m，则气球可悬挂的物体质量为 $m_{物}$。对气球受力分析得

$$m_{物} + m_0 + m = F$$

上式中，气球的浮力为

$$F = \frac{p_0 V_0 Mg}{RT_0}$$

气球内氢气的质量为

$$m_H = \rho_H V_H = \frac{p_0 M_H}{RT_0} V_0$$

式中，ρ_H、V_H、M_H 分别为氢气的密度、体积和摩尔质量。因此

$$\begin{aligned} m_{\text{物}} &= \frac{p_0 V_0}{RT_0}(M - M_H) - m \\ &= \frac{101\ 325 \times 566}{8.31 \times 273} \times (0.028\ 9 - 0.002) - 12.5 \\ &= 667.5(\text{kg}) \end{aligned}$$

综上所述，这个气球还可悬挂质量为 667.5 kg 的物体而不坠下。

3.43　磁性盐遵守居里定律

$$\frac{\mu_0 M}{B_0} = \frac{C}{T}$$

式中，M 为磁化强度；B_0 为无试样时施加的磁场；C 为常数；μ_0 为真空磁导率。盐从磁化强度 M_1 等温磁化到 M_2。假设磁化强度在盐的体积 V 上是均匀的，证明磁化功为

$$W = \frac{V\mu_0 T}{2C}(M_2^2 - M_1^2)$$

【证明】

由居里定律可知

$$B_0 = \frac{\mu_0 MT}{C}$$

则磁化功为

$$\begin{aligned} W &= V\int_{M_1}^{M_2} B_0 \mathrm{d}M \\ &= V\int_{M_1}^{M_2} \frac{\mu_0 MT}{C} \mathrm{d}M \\ &= \frac{\mu_0 TV}{C}\int_{M_1}^{M_2} M\mathrm{d}M \\ &= \frac{V\mu_0 T}{2C}(M_2^2 - M_1^2) \end{aligned}$$

证毕。

3.44　蓄电池充电时所做的无穷小功 $\delta W = \varepsilon \mathrm{d}Z$，因此做功速率 $\varepsilon \mathrm{d}Z/\mathrm{d}t = \varepsilon I$，其中 I 为供电电流。通过在 12 V 下施加 40 A 的电流持续 30 min 对蓄电池进行充电。在此充电过程中，蓄电池向周围环境散发 200 kJ 的热量。假设除了电能外，没有其他形式的功，电池的内能变化了多少？

【解】

根据热力学第一定律可得电池内能变化量为

$$\begin{aligned} \Delta U &= \varepsilon It - Q \\ &= 12 \times 40 \times 30 \times 60 - 200 \times 10^3 \\ &= 664(\text{kJ}) \end{aligned}$$

3.45 0.1 mol 单原子理想气体的初始状态压强和体积分别为 $p_0 = 32$ Pa、$V_0 = 8\ m^3$。最终状态 $p_1 = 1$ Pa、$V_1 = 64\ m^3$。这个过程中压强和体积之间呈线性关系，满足 $p = -\frac{31}{56}V + \frac{255}{7}$，如图 3－17 所示。

（1）求出温度随体积变化的关系式。

（2）求温度的最大值 T_{max} 及对应的 V 的值。

（3）求出初态温度、末态温度。

（4）求气体沿直线由状态（p_0，V_0）变到状态（p，V）吸收或放出热量 Q。

（5）Q 最大值为多少？Q 达到最大值时，压强和体积各为多少？

（6）Q 达到最大值时气体状态为（p，V），气体沿直线由状态（p，V）变到状态（p_1，V_1）吸收或放出多少热量 Q'？

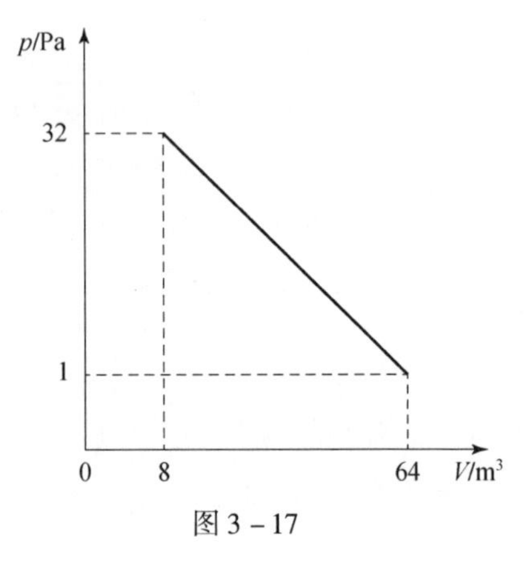

图 3－17

【解】

（1）根据理想气体状态方程 $pV = \nu RT$，得到

$$p = \frac{\nu RT}{V}$$

将其代入下式，即

$$p = -\frac{31}{56}V + \frac{255}{7}$$

消去 p 得到温度随体积变化的关系式，即

$$T = -\frac{310}{56R}V^2 + \frac{2\,550}{7R}V = -0.67V^2 + 43.84V$$

（2）根据第（1）问温度随体积变化的关系式，求得温度的最大值及对应的体积分别为

$$T_{max} = -0.67 \times (32.72)^2 + 43.84 \times 32.72 = 717.14(\text{K})$$

$$V = \frac{43.84}{2 \times 0.67} = 32.72(\text{m}^3)$$

（3）初态温度为

$$T_i = -0.67 \times V_0^2 + 43.84 \times V_0 = 307.84\ (\text{K})$$

末态温度为

$$T_f = -0.67 \times V_1^2 + 43.84 \times V_1 = 61.44\ (\text{K})$$

（4）单原子理想气体，定压摩尔热容 $C_{p,m} = \frac{5}{2}R$，定容摩尔热容 $C_{V,m} = \frac{3}{2}R$。根据理想气体状态方程 $pV = \nu RT$，内能的变化为

$$\Delta U = \nu C_{V,m}\Delta T = \frac{3}{2}\nu R(T - T_0) = \frac{3}{2}(pV - p_0V_0)$$

气体膨胀对外做功为图 3－17 中过程线与两轴所包围的梯形面积，即

$$W=\frac{p+p_0}{2}(V-V_0)$$

热量为

$$\begin{aligned}Q&=\Delta U+W\\&=\frac{3}{2}(pV-p_0V_0)+\frac{p+p_0}{2}(V-V_0)\\&=2(pV-p_0V_0)+\frac{1}{2}(p_0V-pV_0)\end{aligned}\tag{1}$$

（5）将 $p=-\frac{31}{56}V+\frac{255}{7}$ 代入式（1），得

$$Q=-1.11V^2+91.07V-657.71\tag{2}$$

当

$$V=-\frac{91.07}{2\times(-1.11)}=41.02(\mathrm{m}^3)$$

$$p=-\frac{31}{56}V+\frac{255}{7}=13.72\ (\mathrm{Pa})$$

时，Q 对外放热达到最大值。将 $V=41.02\ \mathrm{m}^3$ 代入式（2），可得

$$Q_{\max}=1\ 210.25\ \mathrm{J}$$

（6）单原子理想气体，定压摩尔热容 $C_{p,m}=\frac{5}{2}R$，定容摩尔热容 $C_{V,m}=\frac{3}{2}R$。根据理想气体状态方程 $pV=\nu RT$，内能的变化为

$$\Delta U=\nu C_{V,m}\Delta T=\frac{3}{2}\nu R(T_1-T)=\frac{3}{2}(p_1V_1-pV)$$

气体膨胀对外做功为图 3－17 中过程线与两轴所包围的梯形面积，即

$$W=\frac{p+p_1}{2}\ (V_1-V)$$

吸收或放出的热量为

$$Q'=\Delta U+W=2(p_1V_1-pV)+\frac{1}{2}(pV_1-p_1V)$$

根据第（5）问的结果，Q 达到最大值，

$$V=41.02\ \mathrm{m}^3,\ p=13.72\ \mathrm{Pa}$$

将 P、V、P_1、V_1 代入数值得 $Q'=-574.25$ J，可见后一段过程系统向外放热，由于 $|Q_{\max}|>|Q'|$，所以整个过程总的效果是气体从外界吸热并对外做功，总的内能减小。

第四章

热力学第二定律和熵

一、基本知识点

（一）热机与制冷机

热机是把热转化为功的机械装置。热机是系统从较高温度热源吸热，向较低温度热源放热，系统对外做出净功。制冷机是系统从较低温度热源吸热，向较高温度热源放热，外界对系统做净功的机械装置。

热机效率：$\eta_{热机}=\dfrac{W}{Q_{吸}}=1-\dfrac{|Q_{放}|}{|Q_{吸}|}$

制冷系数：$\varepsilon_{制冷机}=\dfrac{Q_{吸}}{W}$

（二）卡诺循环与卡诺热机

卡诺循环是工质只和两个恒温热库交换热量的准静态循环，它包含等温膨胀、绝热膨胀、等温压缩和绝热压缩 4 个过程。按卡诺循环工作的热机称为卡诺热机。

卡诺循环的效率只由热库温度决定：$\eta_c=1-\dfrac{T_2}{T_1}$，式中，$T_1$ 和 T_2 分别为高温和低温热源温度。

（三）热力学第二定律与不可逆过程

1. 可逆与不可逆过程

系统从初态出发经历某一过程变到末态，若可以找到一个能使系统和外界都复原的过程（这时系统回到初态，对外界也不产生任何影响），则原过程是可逆的。若总是找不到一个能使系统与外界同时复原的过程，则原过程是不可逆的。

2. 热力学第二定律的两种经典表述

开尔文的表述是讲不可能从单一热库吸热，使之完全变为有用功而不产生其他影响。

克劳修斯的表述是讲不可能把热量从低温物体传到高温物体而不引起其他变化。

两种表述实际上是从功热转换和热传导角度阐明了一切与热现象有关的实际过程都具有不可逆性这一事实。

（四）卡诺定理与熵

1. 卡诺定理

卡诺定理来自卡诺循环的推延。卡诺定理认为在相同的高温热源和相同的低温热源之间工作的一切可逆热机的效率都相同，且与工作物质无关；一切不可逆热机的效率都小于可逆热机的效率。在卡诺定理的基础上，开尔文建立起热力学温标。

2. 熵

利用克劳修斯等式可以定义一个新的态函数——熵。认为可逆过程的吸热量与温度之比等于一个与过程无关的态函数的增量，将此态函数定义为熵，即

$$dS = \left(\frac{\delta Q}{T}\right)_{\text{可逆}} \quad 或 \quad \Delta S = \int_{A\text{可逆}}^{B} \frac{\delta Q}{T}$$

需要指出的是，上式严格意义上不是熵的定义式，只是告诉我们两态之间的熵差可以借助在两态之间建立一个可逆过程，沿路径积分得到。熵是一个广延量。

3. 温熵图

以 T（气温）为纵坐标、S（熵）为横坐标的热力图，可以反映制冷工况的过程。

4. 熵增原理

热力学系统从一平衡态绝热达到另一平衡态的过程中，它的熵永不减少。若过程是可逆的，则熵不变；若过程是不可逆的，则熵增加。这意味着孤立系统内的一切过程熵不会减少。

5. 熵的统计意义

熵是系统无序程度大小的度量，$S = k_B \ln \Omega$。

二、主要题型

（一）计算或证明可逆热机的效率

针对各种循环过程，计算做功和传热量，并最终确定热机的效率，最后探讨影响热机效率的主要因素。需要注意的是：要准确判断循环过程中哪一段是高温热源的吸热段，对于存在多个高温热源的循环过程，需求出总的吸热量。

（二）不可逆过程等价性的证明

通常采用反证法，以热力学第二定律为主要判断依据。

（三）熵差的计算

对于理想气体，无论是否是可逆过程都可以根据如下公式利用初、末两状态参数直接计算熵差：

$$\Delta S=\nu C_{V,m}\ln\frac{T_2}{T_1}+\nu R\ln\frac{V_2}{V_1}\text{或 }\Delta S=\nu C_{p,m}\ln\frac{T_2}{T_1}-\nu R\ln\frac{p_2}{p_1}$$

对于实际体系经历不可逆过程对应的初、末状态间的熵差计算问题，通常的方法是在两状态之间建立起一条合理的可逆路径，并沿该路径热温比积分可得。需要注意的是：如何建立合理的可逆过程是解决问题的关键，如有限温差之间的传热效果可以通过与一系列无限小温差的外界热库依次热接触而充分传热后实现，前者是不可逆过程，后者是可逆过程。

（四）关于熵增加原理的问题

利用熵增加原理解决问题的关键是合理地划分研究的系统。将所有参与过程的系统或外界构成一个孤立系，则总的熵增量满足熵增加原理。对于非孤立或非绝热的系统，无论经历是否是可逆过程，都不适用于熵增加原理。

一个典型的例子是在热机中应用熵增加原理，需要将工质和外界热源看作一个复合系统，则该系统是孤立系统，总的熵差要满足熵增加原理。

三、习题

4.1 一热机以 10^6 J/min 的速率吸入热量，且输出额定功率为 7.4 kW。求：

（1）该热机的效率是多少？

（2）该热机每分钟放出多少热量？

【解】

（1）热机效率为

$$\eta=\frac{W}{Q_{\text{吸}}}=\frac{7\ 400\times60}{10^6}\times100\%=44.4\%$$

（2）该热机每分钟放出的热量为

$$Q_{\text{放}}=Q_{\text{吸}}-W=10^6\times(1-0.444)=5.56\times10^5(\text{J})$$

4.2 证明 $p-V$ 图上的两条绝热线不能相交。提示：想象一下，如果它们相交，则可以用一条等温线和两条相交的绝热线构成一个循环，利用这个循环制造一个热机会有什么效果？

【证明】

反证法：假设两条绝热线 A 和 B 相交，则可以用一条等温线与这两条绝热线构成一个循环，如图 4-1 所示。该循环构成一个单热源热机。这违反热力学第二定律的开氏表述，故假设不成立。证明完毕。

4.3 一位发明家声称他开发了一种热机，该热机在 400 K 时吸收 1.1×10^8 J，在 200 K 时放出 5.0×10^7 J，并可提供 16.7 kW/h 的功。你愿意投资这个项目吗？

【解】

不愿意。

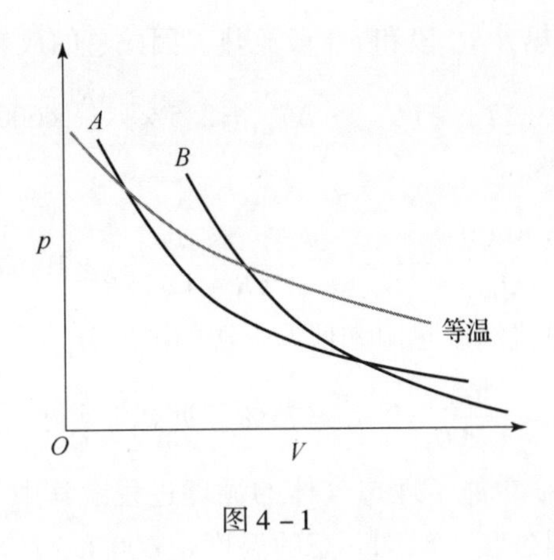

图 4-1

$$\eta_{卡诺}=1-\frac{T_2}{T_1}=1-\frac{200}{400}=50\%<\frac{W}{Q}=\frac{16\ 700\times 3\ 600}{1.1\times 10^8}\times 100\%=54.7\%$$

因此，该热机不存在。

4.4 2.5 mol 单原子理想气体的初始温度 $T=300$ K，压强 $p=1.0$ atm，然后将气体进行三步循环：①压强 p 和体积 V 成比例的方式增加，直到 $p=2.0$ atm；②在恒定体积下压强降低至 1.0 atm；③在恒定压强下体积减小，直到达到初始状态。

（1）求出这个循环的效率。

（2）求出该热机的卡诺效率，并将结果与（1）中计算的实际效率进行比较。讨论此热机的效率。

【解】

由题意在 $p-V$ 平面上画出 3 个过程示意图，如图 4-2 所示。A、B 和 C 3 点的状态参量分别为

$$A(p=1\ \text{atm},V,T=300\ \text{K})$$
$$B(2p=2\ \text{atm},2V,T=1\ 200\ \text{K})$$
$$C(p=1\ \text{atm},2V,T=600\ \text{K})$$

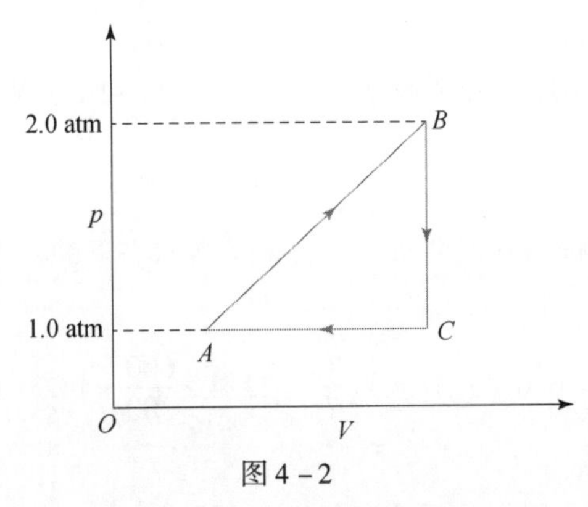

图 4-2

（1）$A\to B\to C\to A$ 循环输出的总功 $|W|=\frac{\Delta p\Delta V}{2}=\frac{2.5R\times 300}{2}=375R$，$R$ 是气体常数。

循环过程中 AB 段吸热，BC 段和 CA 段放热，因此总的放热量为

$$|Q_{BC}|+|Q_{CA}|=\nu C_{V,m}\cdot\Delta T_{BC}+\nu C_{p,m}\cdot\Delta T_{CA}=2.5\times\left(\frac{3R}{2}\times600+\frac{5R}{2}\times300\right)=4\ 125R$$

热机效率为

$$\eta=\frac{|W|}{|W|+|Q_{BC}|+|Q_{CA}|}=\frac{375R}{375R+4\ 125R}\times100\%=8.3\%$$

（2）根据题意，该热机高温热源和低温热源的温度分别为 1 200 K 和 300 K，因此卡诺效率 $\eta_{卡诺}=1-\frac{T_2}{T_1}=1-\frac{300}{1\ 200}=0.75=75\%$，远高于实际效率。

4.5 图 4－3 为 1 mol 单原子理想气体的循环过程，其中 $a\to b$ 是等压过程，$b\to c$ 是等容过程，$c\to a$ 是等温过程。已知 c 态的温度是 600 K，b 态的温度是 300 K，体积是 22.4 L，$C_{V,m}=3R/2$，$C_{p,m}=5R/2$。试计算：

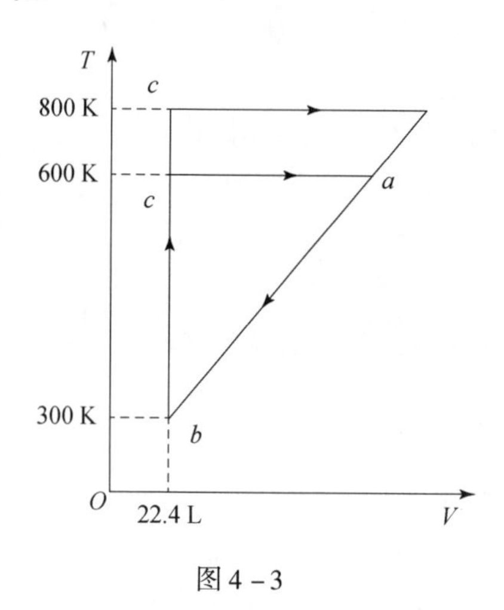

图 4－3

（1）$a\to b$、$b\to c$、$c\to a$ 过程中气体的吸热量。

（2）该循环过程的总功。

（3）该循环过程的效率。

（4）若将 c 状态的温度提升至 800 K，$a\to b$ 仍为等压过程，则该循环过程的效率又是多少？

【解】

（1）由理想气体的状态方程可知，a、b 和 c 各状态下的状态参数分别为

a 态：

$$T_a=600\ \text{K};\ V_a=V_b\frac{T_a}{T_b}=22.4\times\frac{600}{300}=44.8(\text{L})$$

b 态：

$$T_b=300\ \text{K};\ V_b=22.4\ \text{L}$$

c 态：

$$T_c=600\ \text{K};\ V_c=22.4\ \text{L}$$

（Ⅰ）由于 $a \to b$ 过程是等压过程，该过程中

$$\begin{aligned} Q_{a\to b} &= \nu C_{p,m}(T_b - T_a) \\ &= \frac{5}{2}R(300-600) \\ &= -6\ 232.5(\mathrm{J}) \end{aligned}$$

该过程为放热过程。

（Ⅱ）$b \to c$ 过程是等容升温过程，该过程中

$$\begin{aligned} Q_{b\to c} &= \nu C_{V,m}(T_c - T_b) \\ &= \frac{3}{2}R(600-300) \\ &= 3\ 739.5(\mathrm{J}) \end{aligned}$$

该过程是吸热过程。

（Ⅲ）$c \to a$ 过程是等温过程，该过程中传递的热量为

$$\begin{aligned} Q_{c\to a} &= \nu RT\ln\frac{V_a}{V_c} \\ &= R\cdot 600\ln\frac{44.8}{22.4} \\ &= 3\ 456.0(\mathrm{J}) \end{aligned}$$

该过程为吸热过程。

（2）整个循环过程中，气体所做的净功为

$$\begin{aligned} W &= |W_{a\to b} + W_{b\to c} + W_{c\to a}| \\ &= \left| -\nu R(T_b - T_a) + 0 - \nu RT\ln\frac{V_a}{V_c} \right| \\ &= 963(\mathrm{J}) \end{aligned}$$

（3）该循环过程的效率

$$\eta = \frac{|W|}{|Q_{吸}|} = \frac{963}{3\ 739.5 + 3\ 456.0} \times 100\% = 13.4\%$$

（4）若将 c 状态的温度提升至 800 K，则

a 态：

$$T_a = 800\ \mathrm{K};\ V_a = V_b\frac{T_a}{T_b} = 22.4 \times \frac{800}{300} = 59.7\ (\mathrm{L})$$

b 态：

$$T_b = 300\ \mathrm{K};\ V_b = 22.4\ \mathrm{L}$$

c 态：

$$T_c = 800\ \mathrm{K};\ V_c = 22.4\ \mathrm{L}$$

整个循环过程中总的吸热量为

$$\begin{aligned} Q_{吸} &= Q_{b\to c} + Q_{c\to a} \\ &= \nu C_{V,m}(T_c - T_b) + \nu RT\ln\frac{V_a}{V_c} \end{aligned}$$

$$= \frac{3}{2}R(800-300) + R \cdot 800\ln\frac{59.7}{22.4}$$
$$= 6\ 232.5 + 6\ 516.8$$
$$= 12\ 749.3(\text{J})$$

总的功为

$$W = |W_{a\to b} + W_{b\to c} + W_{c\to a}|$$
$$= \left| -\nu R(T_b - T_a) + 0 - \nu RT\ln\frac{V_a}{V_c} \right|$$
$$= |4\ 155.0 - 6\ 516.8|$$
$$= 2\ 361.8(\text{J})$$

则总的循环效率 $\eta = \frac{|W|}{|Q_{吸}|} = \frac{2\ 361.8}{12\ 749.3} \times 100\% = 18.5\%$，可见将高温热源温度升高 200 K，效率只提升 5.1%。

4.6 设一卡诺循环，当热源温度为 100 ℃和冷却器温度为 0 ℃时，一个循环中做净功 800 J。现维持冷却器温度不变，提高热源温度，使净功增为 1 600 J。若此两循环工作于相同的两绝热线之间，工作物质设为理想气体。问：

（1）热源的温度应变为多少度？

（2）这时卡诺循环的效率是多少？

【解】

两个卡诺循环过程如图 4－4 所示。

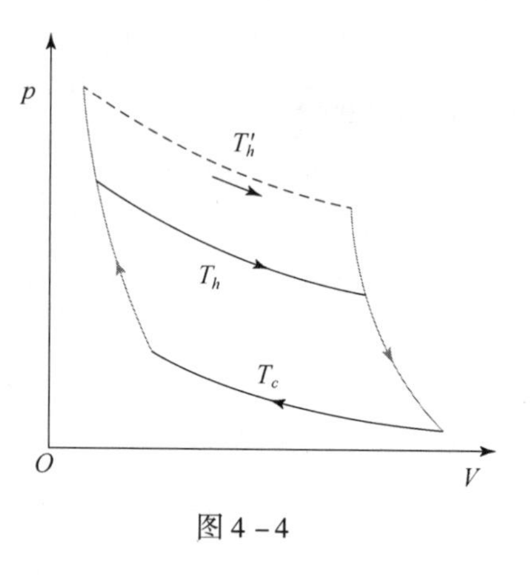

图 4－4

（1）卡诺循环的效率 $\eta = 1 - T_c/T_h$，式中 T_c 为冷却器温度；T_h 为热源温度。根据题意，第一个循环过程的效率

$$\eta_1 = \left(1 - \frac{273}{373}\right) \times 100\% = 26.8\% = \frac{800}{|Q_{吸}|}$$

所以

$$|Q_{吸}| = 2\ 985\ \text{J}$$

因此,向低温冷却器的放热量为

$$|Q_{放}| = |Q_{吸}| - W = 2\ 985 - 800 = 2\ 185(\text{J})$$

第二个循环过程的效率为

$$\eta_2 = 1 - \frac{T_c}{T_h'} = \frac{1\ 600}{|Q_{吸}'|}$$

由于维持冷却器温度不变，因此向低温冷却器放热量不变，于是从高温热源的吸热量为

$$|Q_{吸}'| = |Q_{放}| + W = 2\ 185 + 1\ 600 = 3\ 785(\text{J})$$

代入上面效率公式，得到 $T_h' = 473$ K。

（2）此时卡诺循环的效率为

$$\eta_2 = 1 - \frac{T_c}{T_h'} = \left(1 - \frac{273}{473}\right) \times 100\% = 42.2\%$$

可见，和第一个 100 ℃(373 K)的高温热源相比，卡诺循环效率有了显著提升。

4.7　发电厂的发电功率是 1.5 GW，效率为 0.35。

(1) 求出运行这个工厂所需的能量的功率和浪费掉的热量的功率，两者都以 GW 为单位。

(2) 如果将余热排放到 25 ℃的环境中，锅炉的最低温度是多少？

【解】

(1) 根据效率，发电厂吸热功率为

$$\eta=\frac{W}{Q_{吸}}=\frac{1.5}{Q_{吸}}=0.35;\ Q_{吸}=4.29\ \text{GW}$$

因此浪费的能量功率为 $Q_{浪费}=Q_{吸}-W=4.29-1.5=2.79$ (GW)

(2) 当发电厂具有卡诺效率时，锅炉的温度最低，即

$$\eta=1-\frac{T_2}{T_1}=1-\frac{298}{T+273}=0.35$$

所以

$$T=186\ ℃$$

4.8　把初始温度为 0 ℃的 50 kg 液态水放入冰箱冷冻成冰。环境温度为室温 20 ℃。要水结冰，冰箱至少需要输入多少功？(水的熔化潜热 $=3.33\times10^5$ J/kg)

【解】

水结冰放热 $Q_{放}=50\ \text{kg}\times3.33\times10^5\ \text{J/kg}=1.665\times10^7\ \text{J}$。当制冷机为卡诺制冷机时，输入功最少，即

$$\varepsilon=\frac{Q_{放}}{W}\leqslant\frac{T_2}{T_1-T_2}=\frac{273}{20}$$

所以

$$W\geqslant1.22\times10^6\ \text{J}$$

4.9　热泵可以在房屋内外之间搬运热而给房屋供暖。如果我们想把房屋保持在 22 ℃，而室外的温度为 −10 ℃，房屋的热释放为 15 kW。试问：运行该泵所需的最小功率是多少？

【解】

设高温热源和低温热源的温度分别为 T_1 和 T_2，根据热泵的制热系数定义 $\varepsilon=\frac{Q_{放}}{W}$，当执行卡诺循环时具有最大值，即

$$\varepsilon=\frac{Q_{放}}{W}\leqslant\frac{T_1}{T_1-T_2}=\frac{295}{32}$$

所以最小功率为

$$W=\frac{32\times Q_{放}}{295}=1.63\ \text{kW}$$

4.10　在低温物理中，常见的制冷剂是液氮，在 $p=1$ atm 时其温度为 77 K。问：

（1）若实验室内环境温度保持在 20 ℃，工作在其中的冰箱的最大性能系数是多少？

（2）在极低温度下工作时，则需要使用沸点更低的液氦，其沸点为 4.2 K。这种情况下，工作在 20 ℃的室温环境中的冰箱的最大制冷系数是多少？

【解】

（1）若制冷循环是卡诺制冷循环，则制冷系数具有最大值，即

$$\varepsilon=\frac{Q_{吸}}{W}\leqslant\frac{T_2}{T_1-T_2}$$

$$\varepsilon_{\max}=\frac{77}{293-77}=0.36$$

（2）同（1）理，当执行卡诺制冷循环时制冷系数具有最大值，即

$$\varepsilon=\frac{Q_{吸}}{W}\leqslant\frac{T_2}{T_1-T_2}$$

$$\varepsilon_{\max}=\frac{4.2}{288.8}=0.015$$

4.11 如图 4－5 所示的 3 个热库之间工作的 3 台卡诺热机，试证明它们的效率关系：

$$\eta_3=\eta_1+\eta_2-\eta_1\eta_2$$

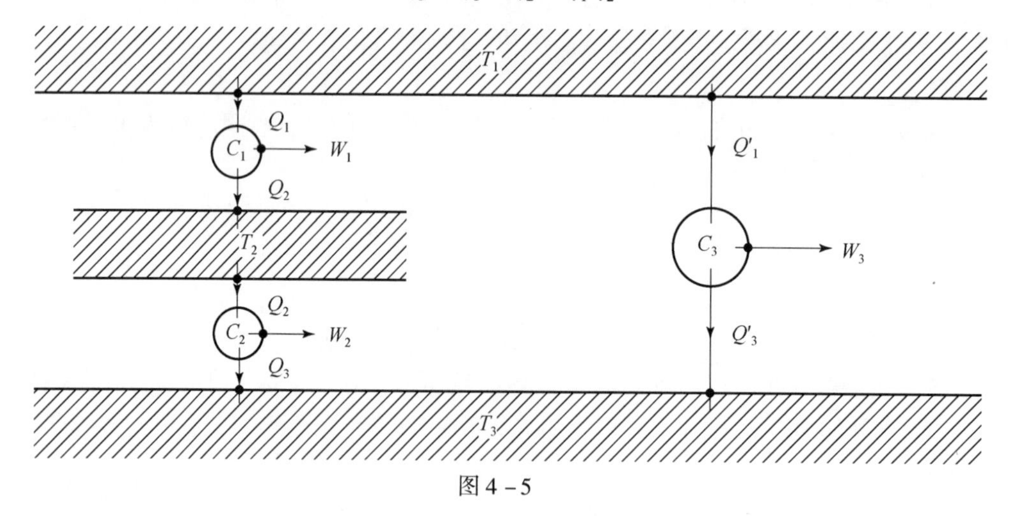

图 4－5

【证明】

3 台卡诺热机的效率分别为

$$\eta_1=\frac{T_1-T_2}{T_1};\ \eta_2=\frac{T_2-T_3}{T_2};\ \eta_3=\frac{T_1-T_3}{T_1}$$

因此，$\eta_1+\eta_2-\eta_1\cdot\eta_2=\dfrac{T_1-T_2}{T_1}+\dfrac{T_2-T_3}{T_2}-\dfrac{T_1-T_2}{T_1}\times\dfrac{T_2-T_3}{T_2}=\dfrac{T_1-T_3}{T_1}=\eta_3$

证毕。

4.12 在外层空间卫星上工作的卡诺热机必须以 W 的速率提供固定数量的功率。高温热源的温度为 T_1 固定不变，温度为 T_2 的低温热源由一大片表面积为 A 的物体组成；当低温热源以 σAT_2^4（σ 是常数）的速率向太空辐射能量，辐射的能量和热机传递

给它的热量一样多，从而保持温度在 T_2 不变。我们需要设计卡诺热机使得对于给定的 W 和 T_1，A 有一个最小值。证明当 T_2 取 $3T_1/4$ 时，A 有一个最小值。

【证明】

卡诺热机的效率为

$$\eta = \frac{T_1 - T_2}{T_1} = \frac{W}{W + Q_{放}}$$

因为

$$Q_{放} = \sigma A T_2^4$$

所以

$$\frac{W}{W + \sigma A T_2^4} = 1 - \frac{T_2}{T_1}$$

$$A = \frac{W T_2}{\sigma A (T_1 - T_2) T_2^4}$$

当 $\frac{\mathrm{d}A}{\mathrm{d}T_2} = 0$，$\frac{\mathrm{d}^2 A}{\mathrm{d}T_2^2} > 0$ 时 A 有最小值。

所以

由 $\frac{\mathrm{d}A}{\mathrm{d}T_2} = 0$ 解得 $T_2 = \frac{3}{4} T_1$ 时 A 有最小值。

证毕。

4.13　假设一台热机以理想气体为工作物质，以图 4-6 所示的循环运行，证明热机的效率为

$$\eta = 1 - \frac{1}{\gamma}\left(\frac{1 - p_3/p_1}{1 - V_1/V_3}\right)$$

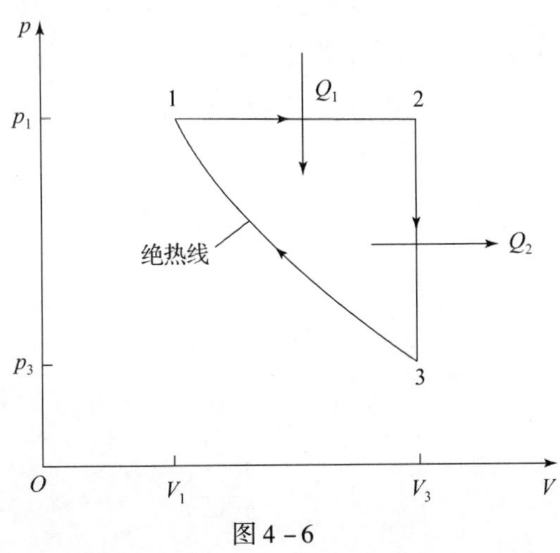

图 4-6

【证明】

整个循环过程在 1→2 过程吸热 Q_1，在 2→3 过程放热 Q_2，并对外做功。其中

$$Q_1 = C_p R(T_2 - T_1);Q_2 = C_V R(T_2 - T_3)$$

热机效率为

$$\eta = \frac{C_p R(T_2 - T_1) - C_V R(T_2 - T_3)}{C_p R(T_2 - T_1)}$$

又因为 $p_1 V_1 = RT_1$；$p_3 V_3 = RT_3$；$p_2 V_2 = RT_2 = p_1 V_3$；$p_1 V_1^{\gamma} = p_3 V_3^{\gamma}$；$C_p = \gamma C_V$

$$\begin{aligned}\eta &= \frac{(\gamma - 1)\ p_1 V_3 - \gamma p_1 V_1 + p_3 V_3}{\gamma\ (p_1 V_3 - p_1 V_1)} \\ &= 1 - \frac{1}{\gamma} \frac{p_1 V_3 - p_3 V_3}{p_1 V_3 - p_1 V_1} \\ &= 1 - \frac{1}{\gamma}\left(\frac{1 - p_3/p_1}{1 - V_1/V_3}\right)\end{aligned}$$

证毕。

4.14 图 4－7 为一个假想的理想气体循环。假设热容恒定，比热容比 γ 为常数，证明热机效率为

$$\eta = 1 - \gamma \frac{\dfrac{V_1}{V_2} - 1}{\dfrac{p_3}{p_2} - 1}$$

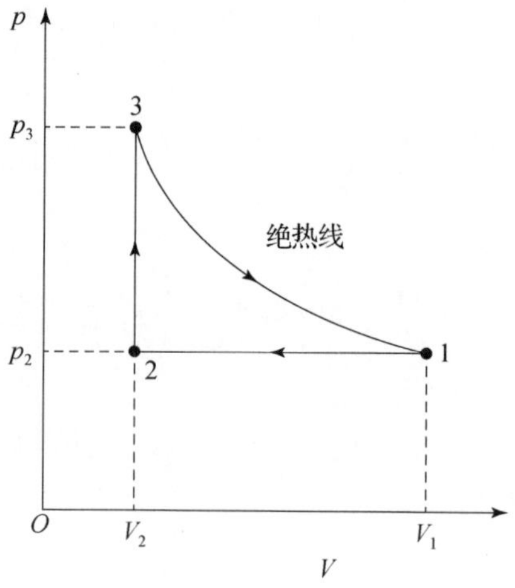

图 4－7

【证明】

第一个过程为等压压缩过程，该过程中系统与外界的热交换量为

$$Q_1 = \nu C_{p,m}(T_2 - T_1)$$

由于 $V_2 < V_1$，根据理想气体状态方程，$T_1/T_2 = V_1/V_2$ 可得 $T_2 < T_1$，该过程向外放热。

第二个过程为等容增压过程，该过程中

$$Q_2 = \nu C_{V,m}(T_3 - T_2)$$

同样，根据理想气体状态方程可以判断 $T_3 > T_2$，该过程吸热。

第三个过程为绝热过程，所以 $Q_3 = 0$。

根据热机效率的定义

$$\begin{aligned}\eta &= \frac{|W|}{|Q_{吸}|} \\ &= 1 - \frac{|Q_{放}|}{|Q_{吸}|} \\ &= 1 - \gamma \frac{|T_2 - T_1|}{|T_3 - T_2|} \\ &= 1 - \gamma \frac{\dfrac{T_1}{T_2} - 1}{\dfrac{T_3}{T_2} - 1}\end{aligned}$$

根据理想气体的状态方程，对于等压和等容过程，可知

$$\frac{T_1}{T_2}=\frac{V_1}{V_2};\ \frac{T_3}{T_2}=\frac{p_3}{p_2}$$

因此

$$\eta=1-\gamma\frac{\frac{V_1}{V_2}-1}{\frac{p_3}{p_2}-1}$$

证毕。

4.15 焦耳循环也称布雷顿循环，是由两个绝热过程和两个等压过程组成的循环，如图4－8所示。若将理想气体作为工作物质，假设所有过程都是准静态的，而且C_p为常数。证明执行该循环的热机的效率为

$$\eta=1-\left(\frac{p_1}{p_2}\right)^{(\gamma-1)/\gamma}$$

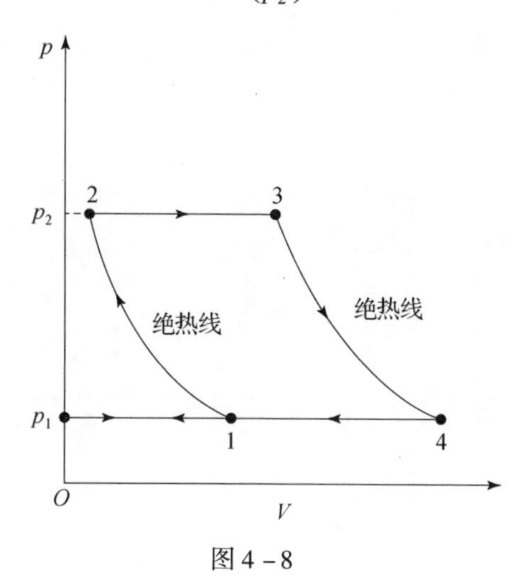

图4－8

【证明】

如图4－8所示，1→2和3→4过程为绝热过程，因此

$$Q_{1\to2}=Q_{3\to4}=0$$

2→3过程为等压膨胀过程，$Q_{2\to3}=\nu C_p(T_3-T_2)=p_2(V_3-V_2)$，该过程温度升高，系统从外界吸热。

4→1过程为等压压缩过程，$Q_{4\to1}=\nu C_p(T_1-T_4)=p_1(V_1-V_4)$，该过程温度降低，系统向外界放热。因此，该热机的效率为

$$\eta=1-\frac{|Q_{放}|}{|Q_{吸}|}=1-\frac{|Q_{4\to1}|}{|Q_{2\to3}|}=1-\frac{T_4-T_1}{T_3-T_2}$$

根据绝热过程的过程方程，可得

$$\frac{p_1^{\gamma-1}}{T_1^{\gamma}}=\frac{p_2^{\gamma-1}}{T_2^{\gamma}};\ \frac{p_2^{\gamma-1}}{T_3^{\gamma}}=\frac{p_1^{\gamma-1}}{T_4^{\gamma}}$$

因此，

$$T_4 - T_1 = T_3 \left(\frac{p_1}{p_2}\right)^{\frac{\gamma-1}{\gamma}} - T_2 \left(\frac{p_1}{p_2}\right)^{\frac{\gamma-1}{\gamma}}$$

热机效率最终可以写为

$$\eta = 1 - \left(\frac{p_1}{p_2}\right)^{(\gamma-1)/\gamma}$$

证毕。

4.16 证明奥托循环的效率可以表示为$\eta = 1 - \frac{T_a}{T_b}$或者$\eta = 1 - \frac{T_d}{T_c}$，并证明这两个结果都低于卡诺效率。

【证明】

奥托循环如图4-9所示，它由两个绝热过程和两个等容过程组成。

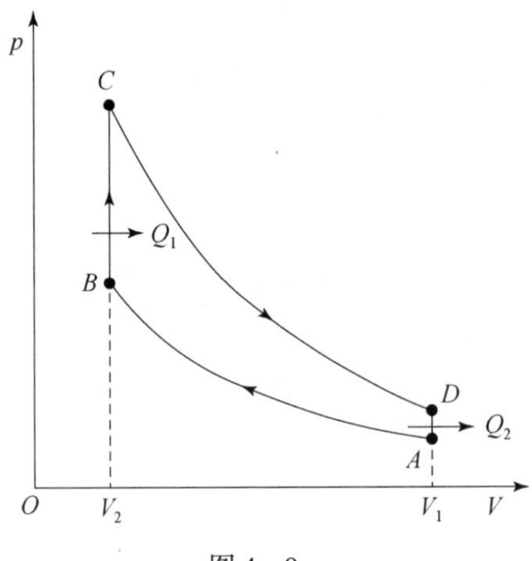

图4-9

假设四个状态点的状态参数分别为

$$A(T_a, V_a);\ B(T_b, V_b);\ C(T_c, V_c);\ D(T_d, V_d)$$

对于两个绝热过程，有

$$\frac{T_b}{T_a} = \left(\frac{V_a}{V_b}\right)^{\gamma-1},\quad \frac{T_c}{T_d} = \left(\frac{V_a}{V_b}\right)^{\gamma-1}$$

由此可得

$$\frac{T_b}{T_a} = \frac{T_c}{T_d} = \frac{T_c - T_b}{T_d - T_a}$$

对于两个等容过程，$Q_{B\to C} = \nu C_{V,m}\ (T_c - T_b)$ 和$|Q_{D\to A}| = \nu C_{V,m}\ (T_d - T_a)$。

因此，热机效率为

$$\eta = 1 - \frac{|Q_{D\to A}|}{Q_{B\to C}} = 1 - \frac{T_d - T_a}{T_c - T_b}$$

$$= 1 - \frac{T_a}{T_b} = 1 - \frac{T_d}{T_c}$$

T_a，T_b，T_c，T_d 中最高温为 T_c，最低温为 T_a，工作在其间的卡诺热机效率为

$$\eta_{卡诺}=1-\frac{T_a}{T_c}$$

显然，$\eta_{卡诺}=1-\frac{T_a}{T_c}>\eta=1-\frac{T_a}{T_b}$，证毕。

4.17　试证明在温熵图（$T-S$ 图）中：

（1）等容线的斜率为 T/C_V。

（2）等压线的斜率为 T/C_p。

【证明】

（1）选 T、V 为状态参量，内能 U 的全微分形式为

$$dU=\left(\frac{\partial U}{\partial T}\right)_V dT+\left(\frac{\partial U}{\partial V}\right)_T dV \tag{1}$$

选 T、V 为状态参量，熵 S 的全微分形式为

$$dS=\left(\frac{\partial S}{\partial T}\right)_V dT+\left(\frac{\partial S}{\partial V}\right)_T dV \tag{2}$$

又根据热力学第一定律

$$dU=TdS-pdV$$

可得

$$dU=T\left(\frac{\partial S}{\partial T}\right)_V dT+\left[T\left(\frac{\partial S}{\partial V}\right)_T-p\right]dV \tag{3}$$

对比式（1）和式（3），可得

$$\left(\frac{\partial U}{\partial T}\right)_V=T\left(\frac{\partial S}{\partial T}\right)_V$$

于是 $\left(\frac{\partial S}{\partial T}\right)_V=\frac{1}{T}\left(\frac{\partial U}{\partial T}\right)_V=\frac{C_V}{T}$，即在 $T-S$ 图上，等容线的斜率为 $\left(\frac{\partial T}{\partial S}\right)_V=\frac{T}{C_V}$。

（2）选 T、p 为状态参量，焓 H 的全微分形式为

$$dH=\left(\frac{\partial H}{\partial T}\right)_p dT+\left(\frac{\partial H}{\partial p}\right)_T dp \tag{4}$$

以 T、p 为状态参量，熵 S 的全微分形式可写为

$$dS=\left(\frac{\partial S}{\partial T}\right)_p dT+\left(\frac{\partial S}{\partial p}\right)_T dp \tag{5}$$

将式（5）代入含 H 的热力学第一定律微分形式 $dH=TdS+Vdp$，可得

$$dH=T\left(\frac{\partial S}{\partial T}\right)_p dT+\left[T\left(\frac{\partial S}{\partial p}\right)_T+V\right]dp \tag{6}$$

对比式（4）和式（6），可得

$$\left(\frac{\partial H}{\partial T}\right)_p=T\left(\frac{\partial S}{\partial T}\right)_p$$

因此，$\left(\frac{\partial S}{\partial T}\right)_p = \frac{1}{T}\left(\frac{\partial H}{\partial T}\right)_p = \frac{C_p}{T}$，即在 $T-S$ 图上，等压线的斜率为$\left(\frac{\partial T}{\partial S}\right)_p = \frac{T}{C_p}$。

证毕。

4.18 理想气体经历了如图 4－10 所示的循环过程。该循环过程主要由两条等温线和一条绝热线组成。设 1 mol 的单原子理想气体从 A 态出发，首先在 600 K 下等温膨胀至 B 态，然后与一个温度为 300 K 的低温热库接触，通过等容过程至 C 态。随后在 300 K 下经历等温膨胀至 D 态，最后沿绝热压缩过程回到 A 态。整个循环过程系统净功为 0。

（1）计算 DA 段的功，W_{DA}。

（2）计算 BC 段的热，Q_{BC}。

（3）计算气体的熵变，并证明如下等式：

$$\frac{Q_{AB}}{600} + \frac{Q_{CD}}{300} = 8.64 \text{ J/K}$$

（4）计算热库的熵变。

（5）在温熵平面中画出此过程的示意图。

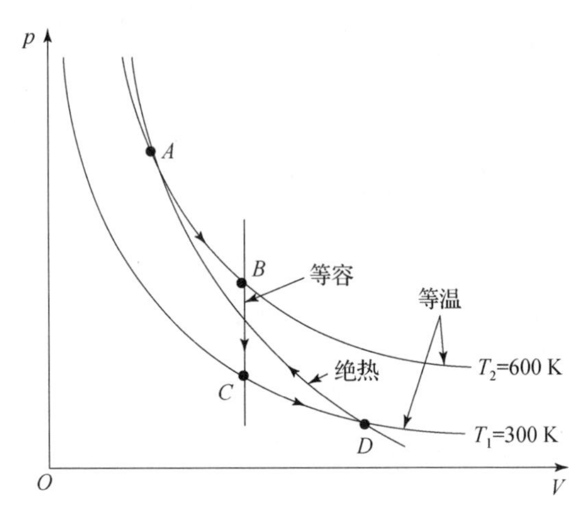

图 4－10

【解】

（1）DA 段是可逆绝热压缩过程，单原子理想气体 $\gamma = 5/3$，因此，

$$W_{DA} = \frac{R}{\gamma - 1}(T_A - T_D) = \frac{300R}{\gamma - 1} = 3\ 739.5 \text{ J} \tag{1}$$

（2）BC 段是等容过程，单原子理想气体 $C_{V,m} = \frac{3}{2}R$，该过程的热为

$$Q_{BC} = \nu C_V(T_C - T_B) = -300 \times 1.5R = -3\ 739.5 \text{ J} \tag{2}$$

（3）气体经历了循环过程，状态未发生变化，因此熵变为 0，$\Delta S_{气体} = 0$，即

$$\Delta S_{气体} = \Delta S_{AB} + \Delta S_{BC} + \Delta S_{CD} + \Delta S_{DA} = 0$$

已知气体为 1 mol 单原子气体，$C_{V,m}=\frac{3}{2}R$，因此

$$\frac{Q_{AB}}{600}+\frac{3}{2}R\ln\frac{300}{600}+\frac{Q_{CD}}{300}+0=0$$

即

$$\frac{Q_{AB}}{600}+\frac{Q_{CD}}{300}=8.64\ \mathrm{J/K}$$

（4）将热源和气体工质看作一个整体系统，则该系统经历了可逆绝热过程，因此整个系统的熵变为 0。又根据（3）可知，热源的熵变也为 0，$\Delta S_{热源}=0$。

（5）温熵图如图 4-11 所示。

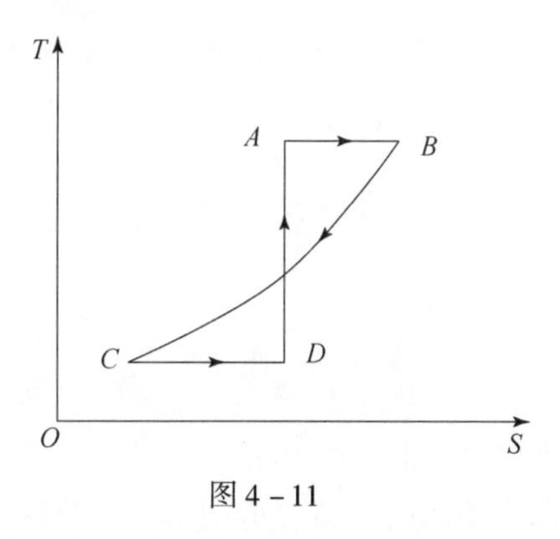

图 4-11

4.19　如图 4-12 所示，在两个容积相同的容器中盛有理想气体，它们的温度和压强都相同。

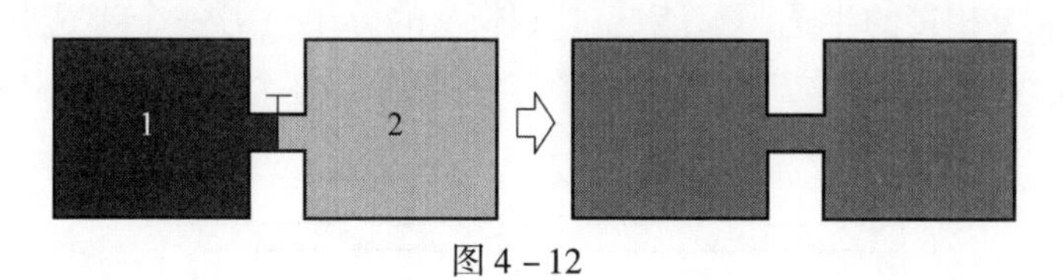

图 4-12

（1）若两边各装 1 mol 的同种理想气体，当两容器互相连通后，求混合后气体熵变。

（2）若两边装有不同的理想气体，第一个容器中气体的质量为 M_1，摩尔质量为 μ_1；第二个容器中气体的质量为 M_2，摩尔质量为 μ_2。现将两容器互相连通，通过互相扩散最后达到均匀分布。求这个系统熵的变化 ΔS。

【解】

（1）由于两侧是同种相同密度的气体，因此当隔板打开后，可认为两种气体不会向对方区域扩散，即气体的状态不变，因此，熵也不变，即

$$\Delta S=0$$

（2）两种理想气体在等温下从初始状态到完全混合是不可逆过程，此过程中将

两个容器看作一个整体系统，则该过程绝热，因此，可以初步判断整个系统的熵增加。

混合前两个系统的状态参数分别为（p_1，V，T）和（p_2，V，T），混合后系统的状态参数是（p，$2V$，T）。根据理想气体的状态方程

$$p_1 = \nu_1 \frac{RT}{V}; \ p_2 = \nu_2 \frac{RT}{V}$$

$$p = \frac{\nu_1 + \nu_2}{2} \frac{RT}{V}$$

混合后的两种理想气体的分压分别为

$$p_1' = \frac{\nu_1}{2} \frac{RT}{V}; \ p_2' = \frac{\nu_2}{2} \frac{RT}{V}$$

因此，混合前后总的熵变等于 1 和 2 两个体系的熵变之和，即

$$\begin{aligned} \Delta S &= \Delta S_1 + \Delta S_2 \\ &= -\nu_1 R \ln \frac{p_1'}{p_1} - \nu_2 R \ln \frac{p_2'}{p_2} \\ &= (\nu_1 + \nu_2) R \ln 2 \\ &= \left(\frac{M_1}{\mu_1} + \frac{M_2}{\mu_2} \right) R \ln 2 \end{aligned}$$

4.20 考虑两种把两理想气体混合的方法。

第一种方法：把一个孤立绝热的容器分成两部分，分别盛入温度同为 T 的理想气体 A 和 B 中，如图 4-13（a）所示，然后打开隔板使之混合。

第二种方法：如图 4-13（b）所示，隔板是两个紧靠的半透膜，把 A、B 两种气体隔开，与气体 A 相接的半透膜只能透过气体 A 的分子，另一个半透膜只能透过气体 B 的分子。现把两个半透膜拉开使两气体在中间混合，整个过程保持温度为 T（与热库接触）。

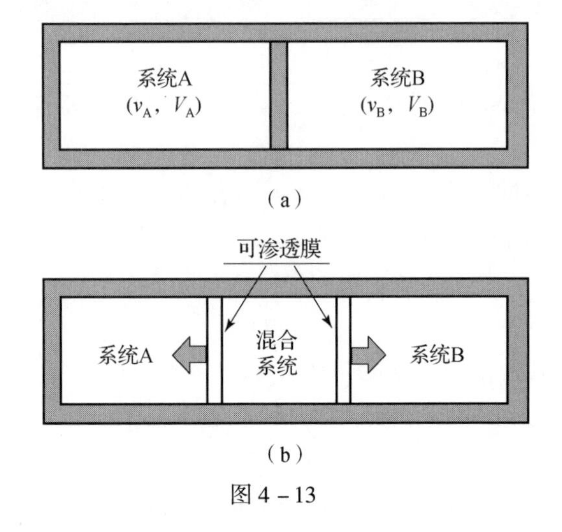

图 4-13

（1）分别求两种情形下的气体熵变。

（2）求第二种情形下热库的熵变。

【解】

本题给出了两种不同气体混合的可逆过程实现方案：第一种方法是两种气体绝热混合，是不可逆过程；第二种方法是对应第一种方法相同的初态和末态的可逆混合过程。因此，两种情形下的气体混合前后的熵变是一样的。

（1）沿着第二种方法所提供的可逆等温混合路径求熵变。气体 A 和气体 B 的初态分别是（ν_A，V_A）、（ν_B，V_B），末态分别是（ν_A，V_A+V_B）、（ν_B，V_A+V_B），因此，

$$\Delta S_{气体} = \int \frac{dQ}{T} = \frac{1}{T}\left(\int_{V_A}^{V_A+V_B} p_A dV + \int_{V_A}^{V_A+V_B} p_B dV\right)$$

$$= R\left(\nu_A \ln \frac{V_A + V_B}{V_A} + \nu_B \ln \frac{V_A + V_B}{V_B}\right)$$

这也是第一种方法实现气体混合所对应的熵变。

（2）第二种方法是将热源和气体系统看作一个整体系统，则整个系统是一个绝热系统，且系统执行可逆过程，因此整个系统的熵变为 0，则

$$\Delta S_{气体} + \Delta S_{热源} = 0 \Rightarrow \Delta S_{热源} = -\Delta S_{气体}$$

4.21　如图 4－14 所示，一个绝热圆柱形容器，两端封闭，中间放置一个无摩擦的绝热活塞。初始时刻左右两个腔室中的气体都是 1 mol，且具有相同的温度、压强和体积（p_0，V_0，T_0），并假设气体为理想气体，C_V 为常数，$\gamma=1.5$。通过一个加热线圈将左侧腔室中的气体缓慢加热，直至压强达到 $27p_0/8$，整个过程可认为是可逆过程。试求：

（1）左侧和右侧腔室中气体的熵变。

（2）整个系统的熵变。

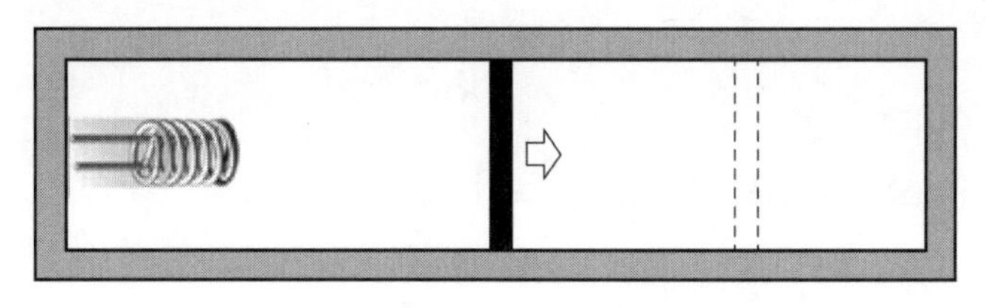

图 4－14

【解】

对于理想气体而言，求出系统的初态、末态状态参数便可计算出熵变。活塞达到静止后，左右腔室的气体的压强相等。左侧理想气体吸热膨胀，右侧气体经历了绝热压缩过程，利用绝热过程方程，可得

$$p_0 V_0^{\gamma} = \left(\frac{27p_0}{8}\right) V_R^{\gamma}$$

$$\Rightarrow V_R = \left(\frac{27}{8}\right)^{-1/\gamma} V_0 = \frac{4}{9} V_0$$

因此，

$$V_L=\frac{14}{9}V_0$$

利用理想气体状态方程，右侧系统的末态温度为

$$\frac{p_0V_0}{T_0}=\frac{\left(\frac{27}{8}p_0\right)V_R}{T_R}\Rightarrow T_R=\frac{3}{2}T_0$$

利用理想气体状态方程，左侧系统的末态温度为

$$\frac{p_0V_0}{T_0}=\frac{\left(\frac{27}{8}p_0\right)V_L}{T_L}\Rightarrow T_L=\frac{21}{4}T_0$$

（1）左侧腔室的气体熵变为

$$\begin{aligned}\Delta S_L&=C_V\ln\frac{T_L}{T_0}+R\ln\frac{V_L}{V_0}\\&=C_V\ln\frac{21}{4}+R\ln\frac{14}{9}\end{aligned}$$

又因为

$$\begin{aligned}\nu&=\frac{C_p}{C_V}\\&=\frac{C_V+R}{C_V}\\&=1+\frac{R}{C_V}=1.5\end{aligned}$$

所以

$$C_V=2R$$

代入上式，得 $\Delta S_L=2R\ln\frac{21}{4}+R\ln\frac{14}{9}=31.23\ \text{J/K}$。

右侧腔室的气体经历了绝热可逆过程，因此熵变

$$\Delta S_R=0$$

（2）总的熵变为

$$\Delta S=\Delta S_L+\Delta S_R=31.23\ \text{J/K}$$

4.22 摩尔理想的单原子气体。初始时处于温度 T_1 和体积 V_1 的平衡状态，容积为 V_2-V_1 的右腔室起初为真空，如图 4－15 所示。两个腔室被刚性、绝热和不可穿透的隔板分开。

（1）当气体以某种方式膨胀到总体积 V_2、温度 T_2 时达到平衡。求气体从初始状态到最终状态的熵 S 的变化是多少？

图 4－15

（2）若使整个系统保持在恒温 T_1，气体通过外

部控制隔板非常缓慢地膨胀，直到气体占据整个体积 V_2。试求系统内能 U 的变化，外力做功 W 以及系统吸热 Q。通过 Q 与 S 的定量关系推测该过程是可逆还是不可逆。

（3）整个系统是绝热的。若分隔腔室的隔板突然破裂，气体随之充满整个体积 V_2。求外力做了多少功？气体的终态温度 T_2 是多少？通过 Q 与 S 的定量关系推测该过程是可逆还是不可逆。

（4）整个系统是绝热的。气体通过外部控制隔板缓慢膨胀直到气体占据整个体积 V_2。试求气体的终态温度 T_2 是多少？通过 Q 与 S 的定量关系推测该过程是可逆还是不可逆。

【解】

（1）由于 S 是一个状态函数，所以熵变只依赖于系统的初始状态和最终状态，而不管系统如何从初始状态变到最终状态。由理想气体可得

$$\Delta S = C_V \ln(T_2/T_1) + R\ln(V_2/V_1)；\ C_V = 3R/2$$

（2）内能 U 只依赖温度，所以 $\Delta U = 0$。因此，由热力学第一定律，$A = Q$。准静态等温过程，$Q = W = RT_1 \ln(V_2/V_1)$。由于等温过程，且由（1）知 ΔS，可得 $Q = T_1\Delta S$，因而是可逆过程。

（3）$W = 0$，因为外墙是刚性的，外界无法做功。且由 $Q = 0$ 知 $\Delta U = 0$。因为 U 只依赖 T，所以有 $T_2 = T_1$。整个过程中，T 是不均匀的，甚至可能是无定义的。由（1）知 $\Delta S = R\ln(V_2/V_1)$。由于该过程中的每个微阶段都有 $\delta Q = 0$，所以 $\Delta S > \int_1^2 \frac{\delta Q}{T} = 0$，即过程不可逆。

（4）$Q = 0$ 且 $\delta Q = 0$。由热力学第一定律

$$C_V \mathrm{d}T + p\mathrm{d}V = 0; C_V \mathrm{d}T + RT\mathrm{d}V/V = 0$$

$$C_V \ln(T_2/T_1) + R\ln(V_2/V_1) = 0$$

所以

$$\Delta S = \int_1^2 \frac{\delta Q}{T} = 0$$

所以过程是可逆的，即可逆绝热过程，从而 $T_2 = T_1 (V_1/V_2)^{2/3}$。

4.23 将一个装有 5.0 kg 水的水桶放在屋外，使其从 25 ℃冷却到室外温度 5 ℃. 水的熵变是多少？[水的 $c_p = 4.19\ \mathrm{kJ/(kg \cdot K)}$]

【解】

在 25 ℃至 5 ℃之间设计一系列温差无限小的外界热源，将水与这些热源依次相接触，可以可逆地将水从 25 ℃降到 5 ℃，因此熵变为

$$\begin{aligned}\Delta S &= \int_{T_1}^{T_2} \frac{\delta Q}{T} \\ &= \int_{T_1}^{T_2} \frac{mc_p \mathrm{d}T}{T} \\ &= mc_p \ln \frac{T_2}{T_1}\end{aligned}$$

$$= 5 \times 4.19 \times \ln \frac{278}{298}$$

$$= -1.46 \times 10^3 (\mathrm{J/K})$$

4.24 在绝热情况下，将25 ℃的加入85 ℃下的10.0 kg水中．混合后最终达到平衡，熵变化了多少？［水的 $c_p = 4.19\ \mathrm{kJ/(kg \cdot K)}$］

【解】

设混合后温度为 T，则由孤立系统内能守恒，即

$$5 \times c_p \times (T - 25) = 10 \times c_p \times (85 - T)$$

可得

$$T = 65\ ℃$$

类似4.23题，可以构造外界一系列无限小温差的热源，首先分别将5.0 kg和10.0 kg的水从25 ℃和85 ℃分别可逆升温、降温至65 ℃，然后等熵混合两杯水，总的熵变为

$$\begin{aligned}\Delta S &= 5c_p \ln \frac{273+65}{273+25} + 10c_p \ln \frac{273+65}{273+85} \\ &= 0.63c_p - 0.57c_p \\ &= 0.06c_p \\ &= 2.51 \times 10^2\ (\mathrm{J/K})\end{aligned}$$

4.25 热容 C_V 相同但初始温度不同的两个系统 T_1 和 T_2（$T_2 > T_1$）在短时间内相互热接触，有热流产生，但两个系统的温度没有发生显著变化。证明产生了一个与这个热流有关的正的净熵变。

【证明】

设计两个温度分别为 T_1 和 T_2 的热源，让两个系统分别与这两个热源接触，使系统1向热源1放热 Q，热源2向系统2放热 Q，总的效果等效于系统1向系统2放热 Q，如图4－16所示。则系统总的熵变为

$$\Delta S = \Delta S_1 + \Delta S_2 = Q\left(\frac{1}{T_1} - \frac{1}{T_2}\right) > 0$$

即熵变为正。

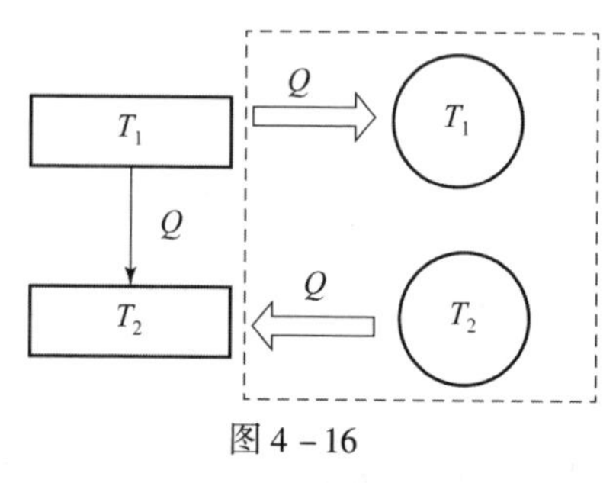

图4－16

4.26 一物体初始温度为 T_i，将其与一个温度为 T_f 的高温热源相接触，最终达到热平衡。物体的比热容 c_p 为常数，整个热平衡过程压强保持不变。证明物体、热源和环境组成的整个系统的熵变为

$$\Delta S = c_p[x - \ln(1+x)],\ x = -\frac{T_f - T_i}{T_f}$$

【证明】

整个系统中，物体和热源之间进行热交换，与外界环境没有发生相互作用，因此环境的熵变为0。

热源向物体放出热量 $Q = c_p(T_f - T_i)$，因此热源的熵变为

$$\Delta S_{热源} = -c_p\left(\frac{T_f - T_i}{T_f}\right) = c_p x$$

设想一个可逆过程使物体的温度从 T_i 升至 T_f：构造一系列无限温差的小热源，依次与物体接触并达到热平衡，最终使物体的温度提升至 T_f，于是物体的熵变为

$$\Delta S_{物体} = \int_{T_i}^{T_f} c_p \frac{\mathrm{d}T}{T} = c_p \ln\frac{T_f}{T_i} = -c_p \ln(1+x)$$

因此，整个系统总的熵变为

$$\Delta S = \Delta S_{物体} + \Delta S_{热源} = c_p[x - \ln(1+x)]$$

由于 $x \in (-1, 0)$，$\Delta S > 0$。

证毕。

4.27　计算以下各种情况的熵变：

（1）100 ℃和压强为1 atm条件下的10 g水蒸气，转变成相同温度和压强下的水（水的汽化潜热为2 260 J/g）。

（2）在1 atm的压强下把10 g 100 ℃温度水冷却至0 ℃［0 ℃和100 ℃之间的水的平均比热容 $c_p = 4.19\ \mathrm{J/(g\cdot K)}$］。

（3）在0 ℃和1 atm压强下的10 g水变成同温同压的冰（冰的融化潜热为333 J/g）。

【解】

（1）100 ℃ 水蒸气等温等压下转变为液态水的过程对外释放潜热，该过程是可逆过程，因此熵变为

$$\Delta S = \frac{Q}{T} = \frac{-2\,260 \times 10}{273 + 100} = -60.6(\mathrm{J/K})$$

（2）通过构造可逆热传递过程，实现将水从100 ℃冷却至0 ℃，基于该可逆过程求解熵变为

$$\Delta S = \int_{T_1}^{T_2} \frac{mc\mathrm{d}T}{T} = mc\ln\frac{T_2}{T_1} = 41.9\ln\frac{273}{373} = -13.1(\mathrm{J/K})$$

（3）0 ℃水等温等压下转变为冰的过程是可逆过程，且对外释放潜热，因此熵变为

$$\Delta S = \frac{Q}{T} = \frac{-333 \times 10}{273} = -12.2(\mathrm{J/K})$$

4.28　10 A的电流通过20 Ω的电阻器经历了1 min，在这个过程中，电阻器浸入自来水中保持10 ℃。试求电阻、水和整体的熵变是多少？

【解】

可认为电阻器的温度始终比恒温水槽温度高一无穷小量，这样的传热是可逆的，因此水的熵变为

$$\Delta S_{水}=\frac{Q}{T}=\frac{I^2Rt}{T}=\frac{10^2\times 20\times 60}{273+10}=424.0(\mathrm{J/K})$$

在加热过程中可认为电阻器的状态不变，其熵变为 $\Delta S_{电阻器}=0$。所以，总的熵变为

$$\Delta S_{总}=\Delta S_{电阻器}+\Delta S_{水}=424.0\ \mathrm{J/K}>0$$

4.29 理想气体的摩尔热容由 $c_V=A+BT$ 给出，其中 A 和 B 为常数．证明从状态（V_1，T_1）到状态（V_2，T_2）每摩尔熵的变化是

$$\Delta S=A\ln\frac{T_2}{T_1}+B(T_2-T_1)+R\ln\frac{V_2}{V_1}$$

【证明】

首先设计一个等温可逆过程，将系统从（p_1，V_1，T_1）变到（p_2，V_2，T_1），再经可逆等体过程从（p_2，V_2，T_1）变到（p_3，V_2，T_2），则两个过程的熵变为

$$\Delta S_1=\frac{Q_1}{T}=\frac{RT_1\ln(V_2/V_1)}{T_1}=R\ln(V_2/V_1)$$

$$\Delta S_2=\int_{T_1}^{T_2}\frac{c_V\mathrm{d}T}{T}=\int_{T_1}^{T_2}\frac{(A+BT)\mathrm{d}T}{T}=A\ln\frac{T_2}{T_1}+B(T_2-T_1)$$

总的熵变为

$$\Delta S=\Delta S_1+\Delta S_2=A\ln\frac{T_2}{T_1}+B(T_2-T_1)+R\ln\frac{V_2}{V_1}$$

4.30 一袋 50 kg 的沙土温度为 25 ℃，沙袋坠落 10 m 掉在路面，然后静止。沙土的熵增加了多少？忽略沙土与周围环境之间的任何热量传递，并假设沙土的热容量太大，以至于其温度保持不变。

提示：考虑以下几点：

（1）沙土上的耗散功是什么？

（2）沙土的内能有什么变化？

（3）在恒温 T 下，与 ΔU 相关的熵变是多少？沙袋在碰到路面时会变形，对外不做功；只会改变形状，而不会改变体积。

【解】

重力势能为 $mgh=50\times 9.8\times 10=4\ 900$（J），这部分能量最终全部转化为内能，因此沙袋的熵变为

$$\Delta S=\frac{Q}{T}=\frac{4\ 900}{298}=16.4(\mathrm{J/K})>0$$

熵增加。

4.31 一弹簧振子系统由弹簧和连接在弹簧上的质量为 m 的小球组成，弹簧的弹性系数为 k，其质量可以忽略。开始时将小球移到离开平衡位置距离为 A 处，然后静止

释放，开始振动，由于阻尼的作用，小球最后静止。该过程中弹簧系统与周围环境组成的整个系统的熵变是多少?

【解】

该题的解题思路与上题类似。忽略弹簧系统与周围环境之间的热量传递，并假设周围环境温度保持不变，因此环境熵变为0，整个系统的熵变等于弹簧振子系统的熵变，即

$$\Delta S = \Delta S_{弹簧振子} + \Delta S_{环境} = \Delta S_{弹簧振子}$$

对于弹簧振子，从开始振动到静止，机械能逐渐转化为系统的内能，系统的温度从 T_0 上升到 T，设系统的比热容为 c，由能量守恒定律可得

$$\frac{1}{2}kA^2 = mc(T - T_0)$$

静止后的温度为

$$T = T_0 + \frac{kA^2}{2mc}$$

针对弹簧系统，设计一个可逆的热传导过程，逐步将弹簧和小球的温度升至 T，沿此过程可求熵变为

$$\Delta S_{弹簧振子} = \int_{T_0}^{T} \frac{mc\mathrm{d}T}{T} = mc\ln\frac{T}{T_0} = mc\ln\left(1 + \frac{kA^2}{2mcT_0}\right) > 0$$

即整个系统的熵变。

4.32　2 mol 理想气体绝热自由膨胀，体积变成原来的3倍，气体和整体的熵变是多少?

【解】

绝热自由膨胀温度前后系统内能不变，因此对于理想气体，膨胀前后温度不变，利用理想气体熵公式可得

$$\Delta S = \nu\ C_{V,m}\ln\frac{T_2}{T_1} + \nu R\ln\frac{V_2}{V_1} = 2R\ln 3$$

由于气体绝热自由膨胀，环境的熵变为0，所以整体的熵变仍为

$$\Delta S = 2R\ln 3$$

4.33　等量的水温度分别为 T_1 和 T_2，质量为 m，绝热混合在一起，压强保持不变。证明系统和环境整体的熵变为

$$\Delta S = 2mc_p\ln\left(\frac{T_1 + T_2}{2\sqrt{T_1T_2}}\right)$$

式中，c_p 为水在恒定压强下的比热容，并证明 $\Delta S \geqslant 0$。

提示：对于任意实数 a 和 b 都有 $(a-b)^2 \geqslant 0$。

【证明】

可以设想一系列彼此温差为无穷小的热源，其温度分布于 T_1 到 $(T_1+T_2)/2$ 和 T_2 到 $(T_1+T_2)/2$ 之间。令两杯水分别与这些热源接触，使水温分别由 T_1 和 T_2 变到 $(T_1+T_2)/2$，在此过程中，热量是在温差为无穷小的物体间进行交换，认为是可逆过程。根

据上述两个过程求解对应的熵变分别为

$$\Delta S_1 = \int_{T_1}^{\frac{T_1+T_2}{2}} \frac{mc_p \mathrm{d}T}{T} = mc_p \ln \frac{T_1 + T_2}{2T_1}$$

$$\Delta S_2 = \int_{T_2}^{\frac{T_1+T_2}{2}} \frac{mc_p \mathrm{d}T}{T} = mc_p \ln \frac{T_1 + T_2}{2T_2}$$

混合的过程是在等温等压条件下进行的，可认为是可逆过程，熵变为0。因此两杯水绝热混合后的总的熵变为

$$\begin{aligned}\Delta S &= \Delta S_1 + \Delta S_2 \\ &= mc_p \ln \frac{(T_1 + T_2)^2}{4T_1 T_2} \\ &= 2mc_p \ln\left(\frac{T_1 + T_2}{2\sqrt{T_1 T_2}}\right)\end{aligned}$$

由于$(T_1 + T_2)^2 > 4T_1 T_2$，所以$\Delta S > 0$。

整个混合过程是绝热的，并且没有体积变化，因此$\Delta S_{环境} = 0$。证毕。

4.34 考虑两个相同的热容量为C_p热膨胀系数可忽略的物体。证明当它们在绝热条件下热接触时，它们的最终温度为$(T_1 + T_2)/2$，其中T_1和T_2是它们的初始温度。

现在考虑在两个物体之间运行一个卡诺热机来让它们达到热平衡。由于循环的规模很小，使得单次循环中，物体的温度不会有明显的变化，因此，在一次循环中，物体可以看作热源。证明最终温度为$(T_1 T_2)^{1/2}$。

提示：对于第二个过程，系统和环境的整体熵变是多少？

【证明】

（1）有热接触时，将两个物体视为同一个系统，并且与周围环境绝热，则热接触前后系统内能不变。由于$Q_{吸} = Q_{放}$，可得

$$C_p(T_1 - T) = C_p(T - T_2)$$

即

$$T = (T_1 + T_2)/2$$

（2）设初始温度$T_1 > T_2$，末态温度为T。从热机工作到结束整个过程都是执行可逆循环。对于一个绝热可逆过程，总的熵变为

$$\begin{aligned}\Delta S &= \Delta S_{高温物体} + \Delta S_{低温物体} + \Delta S_{热机} = 0 \\ &\Rightarrow C_p \int_{T_1}^{T} \frac{\mathrm{d}T}{T} + C_p \int_{T_2}^{T} \frac{\mathrm{d}T}{T} = 0 \\ &\Rightarrow C_p \ln \frac{T}{T_1} + C_p \ln \frac{T}{T_2} = 0\end{aligned}$$

所以

$$T = \sqrt{T_1 T_2}$$

证毕。

4.35 1 mol 氦气的初始时处于$p_0 = 1.0$ atm，$T_0 = 273$ K 状态，求：

（1）如果在恒压下将气体加热到温度为400 K，则熵变是多少？

（2）重新从初始状态（p_0，T_0）开始，如果气体等温膨胀到其原始体积的2倍，则熵变是多少？

【解】

（1）构造一系列可逆的热传导过程，将气体加热至400 K，则计算熵变为

$$\Delta S = \int_{T_1}^{T_2} \frac{C_p \mathrm{d}T}{T} = \int_{273}^{400} \frac{5R\mathrm{d}T}{2T} = \frac{5}{2}R\ln\frac{400}{273} = 0.95R = 7.89(\mathrm{J/K})$$

（2）等温膨胀，即

$$\Delta S = R\ln\frac{V_2}{V_1} = R\ln 2 = 0.69R = 5.73(\mathrm{J/K})$$

4.36　制冷系数为3.5的冰箱在一天内使用2.0 kW/h的电能将冰箱隔间保持在4 ℃，同时将热量排放到温度为20 ℃厨房内，一天内产生多少熵？

【解】

制冷机每天从冰箱内部吸热为

$$Q_{吸} = W \times \varepsilon = 2.0 \times 3.5 = 7.0(\mathrm{kW/h})$$

每天排放到厨房的热为

$$Q_{放} = Q_{吸} + W = 9.0(\mathrm{kW/d})$$

总的熵变等于冰箱内部（低温热源）熵变和厨房环境（高温热源）熵变之和，即

$$\Delta S = \Delta S_{厨房} + \Delta S_{制冷机} = \frac{9}{293} - \frac{7}{277} = 0.0054[\mathrm{kW/(d \cdot K)}]$$

即一天内增加0.005 4 kW/(d·K）的熵。

4.37　如图4－17所示，R表示一工作在热源1、2和3之间的可逆热机，完成一定数量的循环后，热机从热源1吸收热量$Q_1 = 1\,200$ J，对外做功$W = 200$ J，问：

（1）热机从热源2和3交换的热量Q_2和Q_3各为多少？此热机的效率为多少？

（2）每个热源的熵变各为多少？

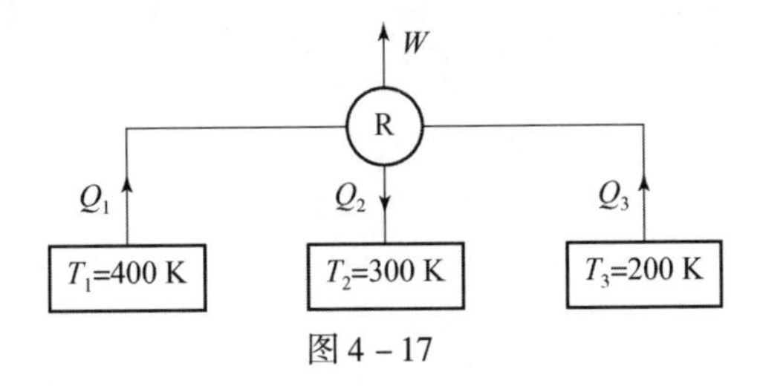

图4－17

【解】

（1）将各个热源和可逆热机看作一个绝热整体，执行循环过程之后总的熵变为0，即

$$\Delta S = \Delta S_1 + \Delta S_2 + \Delta S_3 + \Delta S_R = 0$$

热机的熵变为0，各个热源的熵变分别为

$$\Delta S_1 = Q_1/T_1;\ \Delta S_2 = Q_2/T_2;\ \Delta S_3 = Q_3/T_3$$

因此，

$$\frac{Q_1}{T_1}+\frac{Q_2}{T_2}+\frac{Q_3}{T_3}=0 \tag{1}$$

又有

$$W=-Q_1-Q_2-Q_3 \tag{2}$$

已知

$$Q_1=1\ 200\ \text{J},\ W=-200\ \text{J},\ T_1=400\ \text{K},\ T_2=300\ \text{K},\ T_3=200\ \text{K}$$

式（1）、式（2）联立解得

$$Q_2=-1\ 200\ \text{J},\ Q_3=200\ \text{J}$$

因此，整个循环过程中，热机 R 从热源 1 和 3 分别吸收热量 1 200 J 和 200 J，向热源 2 放热 1 200 J，对外做功 200 J。

此热机的效率为

$$\eta=\frac{W}{Q_{\text{吸}}}=\frac{200}{1\ 400}\times100\%=14.3\%$$

（2）各个热源的熵变分别为

$$\Delta S_1=-\frac{Q_1}{T_1}=-3\ \text{J/K}$$

$$\Delta S_2=\frac{Q_2}{T_2}=4\ \text{J/K}$$

$$\Delta S_3=-\frac{Q_3}{T_3}=-1\ \text{J/K}$$

4.38 如图 4－18 所示的卡诺循环代表卡诺热机或卡诺制冷机，两者之间的区别在于循环运行的方向。

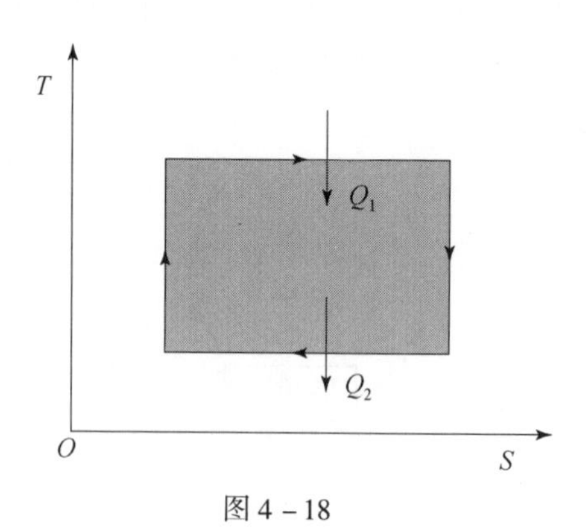

图 4－18

（1）解释哪个路径（顺时针或逆时针）代表热机？哪个路径代表制冷机？

提示：考虑每个过程的净热量 Q。

（2）论证你的结果（顺时针与逆时针）对于 $T-S$ 图上由封闭路径表示的任何循环过程来说都是普遍适用的。

【解】

（1）顺时针热机，逆时针制冷机。

（2）在 $T-S$ 图上顺时针循环总是从熵增大到熵减小的过程，对应着从高温吸热到向低温放热的过程，即热机。反之，逆时针循环对应着从低温吸热到向高温放热的过程，即制冷机。

4.39 一个有限质量的物体，起始温度为 T_1，该温度高于热源的温度 T_2。有一热机在该物体与热源之间进行无限小的循环操作，直到它把物体的温度从 T_1 降到 T_2。试根据熵增加原理证明，该热机输出的最大功为

$$W_{\max} = Q - T_2(S_1 - S_2)$$

式中，$S_1 - S_2$ 为物体熵的减少量；Q 为热机从物体上吸取的热量。

【证明】

将热源、物体和热机看作一个整体，总的熵变为

$$\Delta S = \Delta S_{热源} + \Delta S_{物体} + \Delta S_{热机}$$

式中，$\Delta S_{热机} = 0$，$\Delta S_{物体} = S_2 - S_1$，整个体系是一个孤立系，因此根据熵增加原理，$\Delta S \geqslant 0$。

热源的熵变为

$$\Delta S_{热源} = \frac{Q - W}{T_2}$$

所以

$$\Delta S = S_2 - S_1 + \frac{Q - W}{T_2} \geqslant 0$$

上式取等号时，W 最大，因此

$$W_{\max} = Q - T_2(S_1 - S_2)$$

证毕。

4.40 有两个相同的物体，热容量为常数，初始温度同为 T_i。有一制冷机工作在这两个物体间，使其中一个物体的温度降到 T_2 为止，此时另一物体温度为 T_1。假设物体维持在定压下，并且不发生相变。

（1）试求过程结束后，整个系统（物体 1、物体 2 和制冷机）的熵变。

（2）利用熵增加原理，证明此过程需要的最小功为

$$W_{\min} = C_p\left(\frac{T_i^2}{T_2} + T_2 - 2T_i\right)$$

【解】

整个过程是在等压条件下进行的，因此物体 1 吸收的热量为

$$Q_1 = C_p(T_1 - T_i)$$

物体 2 放出的热量为

$$Q_2 = C_p(T_i - T_2)$$

外界对系统做的功为

$$W = Q_1 - Q_2 = C_p(T_1 + T_2 - 2T_i) \tag{1}$$

【证明】

总的熵变等于物体 1 的熵变、物体 2 的熵变和制冷剂工质的熵变之和。制冷剂工质的熵变为 0，因此总的熵变为

$$\Delta S=\Delta S_1+\Delta S_2$$

式中，物体 1 的熵变为

$$\Delta S_1=C_p\ln\frac{T_1}{T_i}$$

物体 2 的熵变为

$$\Delta S_2=C_p\ln\frac{T_2}{T_i}$$

根据熵增加原理

$$\Delta S=C_p\ln\frac{T_1T_2}{T_i^2}\geqslant 0$$

得

$$\frac{T_1T_2}{T_i^2}\geqslant 1$$

对于给定的 T_i 和 T_2，最低的 T_1 为 $T_1=\dfrac{T_i^2}{T_2}$，代入式（1），因此最小功为

$$W_{\min}=C_p\left(\frac{T_i^2}{T_2}+T_2-2T_i\right)$$

证毕。

4.41 两个温度为 T_1 和 T_2 的物体（$T_1>T_2$），它们的比热容 c_{p_1} 和 c_{p_2} 都为常数，设在外界压强保持不变条件下，一热机工作在两物体之间，直至达到热平衡，求热机所能输出的最大功。

【解】

设两个物体最终的温度为 T_f，则两个物体达到热平衡后的熵变分别为

$$\Delta S_1=\int_{T_1}^{T_f}c_{p_1}\frac{\mathrm{d}T}{T}=c_{p_1}\ln\frac{T_f}{T_1}$$

$$\Delta S_2=\int_{T_2}^{T_f}c_{p_2}\frac{\mathrm{d}T}{T}=c_{p_2}\ln\frac{T_f}{T_2}$$

将两个物体和热机看作一个系统，则该系统总的熵变为

$$\begin{aligned}\Delta S&=\Delta S_1+\Delta S_2+\Delta S_{热机}\\&=c_{p_1}\ln\frac{T_f}{T_1}+c_{p_2}\ln\frac{T_f}{T_2}+0\\&=\ln\frac{(T_f)^{c_{p_1}+c_{p_2}}}{T_1^{c_{p_1}}T_2^{c_{p_2}}}\end{aligned}$$

整个系统是一个孤立系统，根据熵增原理，有

$$\Delta S=\ln\frac{(T_f)^{c_{p_1}+c_{p_2}}}{T_1^{c_{p_1}}T_2^{c_{p_2}}}\geqslant 0$$

当该热机为可逆热机时，T_f 具有最小值，即

$$T_{f\min}=(T_1)^{\frac{c_{p_1}}{c_{p_1}+c_{p_2}}}(T_2)^{\frac{c_{p_2}}{c_{p_1}+c_{p_2}}}$$

整个过程中热机输出的功为

$$
\begin{aligned}
W &= Q_1 - Q_2 \\
&= c_{p_1}(T_1 - T_f) - c_{p_2}(T_f - T_2) \\
&= c_{p_1}T_1 + c_{p_2}T_2 - (c_{p_1} + c_{p_2})T_f
\end{aligned}
$$

可见 T_f 取最小值时，输出功最大，即

$$
\begin{aligned}
W_{\max} &= c_{p_1}T_1 + c_{p_2}T_2 - (c_{p_1} + c_{p_2})T_{f\min} \\
&= c_{p_1}T_1 + c_{p_2}T_2 - (c_{p_1} + c_{p_2})(T_1)^{\frac{c_{p_1}}{c_{p_1}+c_{p_2}}}(T_2)^{\frac{c_{p_2}}{c_{p_1}+c_{p_2}}}
\end{aligned}
$$

4.42　推导式$\left(\frac{\partial H}{\partial p}\right)_T = -T\left(\frac{\partial V}{\partial T}\right)_p + V$。

【证明】

$$H = U + pV \Rightarrow \mathrm{d}H = \mathrm{d}U + p\mathrm{d}V + V\mathrm{d}p \Rightarrow \mathrm{d}Q = \mathrm{d}H - V\mathrm{d}p$$

利用构造微小卡诺循环方法可证明

$$\frac{\mathrm{d}T}{T} = \frac{\delta W}{\delta Q} \Rightarrow \frac{\mathrm{d}T}{T} = \frac{\mathrm{d}p \cdot \mathrm{d}V}{\mathrm{d}H - V\mathrm{d}p}$$

令 $H = H(T,p)$，上式两侧同时除以 $\mathrm{d}T\mathrm{d}p$，得

$$\frac{\mathrm{d}H}{\mathrm{d}p} = T\frac{\mathrm{d}V}{\mathrm{d}T} + V \tag{1}$$

此微循环$(V,T) \to (V + \mathrm{d}V, T - \mathrm{d}T)$中，

$$\frac{\partial V}{\partial T} = \frac{\Delta V}{\Delta T} = -\frac{\mathrm{d}V}{\mathrm{d}T}$$

将式（1）写为偏微分方程，即

$$\left(\frac{\partial H}{\partial p}\right)_T = -T\left(\frac{\partial V}{\partial T}\right)_p + V$$

证毕。

第五章

麦克斯韦-玻尔兹曼分布

一、基本知识点

（一）理想气体的微观模型

理想气体的微观模型主要内容有以下 4 点：

（1）分子线度比分子间距小得多，可忽略不计，将分子视为质点。

（2）除碰撞一瞬间外，分子间互作用力忽略不计。

（3）处于平衡态的理想气体，分子之间及分子与器壁间的碰撞是完全弹性碰撞。

（4）理想气体系统中的分子数及其速度分布具有各向同性。

（二）理想气体压强与温度的微观解释

1. 理想气体的压强

气体压强的定义：器壁所受到的气体压强是单位时间内大数分子频繁碰撞器壁所给予单位面积器壁的平均总冲量。

气体压强的推导：$p=\frac{1}{3}nm\overline{v^2}$，压强与气体的密度和热运动的剧烈程度有关系。

2. 理想气体温度的微观解释

$\overline{\varepsilon_t}=\frac{1}{2}m\overline{v^2}=\frac{3}{2}kT$，式中，$\overline{\varepsilon_t}$为气体分子的平均平动动能。在微观意义下，温度就是分子无规则热运动程度的度量；温度是大量微观分子集体热运动的表现。

（三）概率的基本知识

1. 概率

某一随机事件在 N 次试验中发生了 N_A 次，则比值 N/N_A 称为该随机事件的频率。随着试验次数 N 的增大，该比值会稳定在某一值附近，称为该随机事件发生的概率。

2. 随机变量

将样本空间向实数轴进行单值映射，得到的实值函数就是随机变量。

3. 概率密度

在随机变量定义的空间内，单位尺度内的概率称为随机变量的概率密度函数，记为$f(x)$。概率密度反映的是某个随机变量附近无限小区域内的单位尺度概率。

4. 统计平均值

已知某个随机变量的概率密度函数，可求该随机变量或随机变量函数的平均值，如 $\bar{x} = \int xf(x)\mathrm{d}x$ 或$\overline{g(x)} = \int g(x)f(x)\mathrm{d}x$。

5. 涨落（方差）

处于平衡态的某个物理量的涨落或方差定义为$\overline{(\Delta x)^2} = \overline{(x - \bar{x})^2}$。

（四）麦克斯韦速度分布与速率分布

1. 麦克斯韦速度分布

处于平衡态下系统在速度空间中的概率密度函数，即$f(v) = \frac{\mathrm{d}N}{N\mathrm{d}v}$，这里 $\mathrm{d}N$ 表示在速度空间 $v \to v + \mathrm{d}v$ 区间内的粒子数，N 是系统总粒子数。麦克斯韦推导出该速度具有如下形式：

$$f(v_x, v_y, v_z) = \left(\frac{m}{2\pi k_B T}\right)^{\frac{3}{2}} \exp\left[-\frac{m(v_x^2 + v_y^2 + v_z^2)}{2k_B T}\right]$$

需要强调的是：本章内容涉及的各种分布函数在概率论中都是概率密度函数，而非概率分布函数，后者也称累积概率分布。

2. 麦克斯韦速率分布

将速度空间中的分布向速率数轴进行映射，得到关于速率的概率密度函数，即麦克斯韦速率分布：

$$f(v) = 4\pi\left(\frac{m}{2\pi k_B T}\right)^{\frac{3}{2}} v^2 \exp\left(-\frac{mv^2}{2k_B T}\right)$$

影响速率分布的主要因素是气体分子的质量和温度。

（五）麦克斯韦－玻尔兹曼分布

1. 玻尔兹曼分布率

即外界势能场作用下的粒子数分布，以等温大气压强分布为例，可以得出粒子数随势能的分布率，即 $n(r) = n_0 \exp\left(-\frac{\varepsilon_p}{k_B T}\right)$，其中 ε_p 是粒子势能。

2. 麦克斯韦－玻尔兹曼分布率

粒子数在相空间按照总能量（$\varepsilon_p + \varepsilon_k$）的分布率，即

$$f(\boldsymbol{r}, \boldsymbol{v}) = n_0 \left(\frac{m}{2\pi k_B T}\right)^{\frac{3}{2}} \exp\left(-\frac{\varepsilon_p + \varepsilon_k}{k_B T}\right)$$

（六）能量均分定理

在温度为 T 的平衡态下，分子热运动的每一个自由度所对应的平均动能都等于 $k_BT/2$。由能量均分定理和分子的特征可推导出理想气体的内能与热容。

二、主要题型

（一）各种涉及速度或速率分布率的物理意义

需要熟练掌握 $f(v)\mathrm{d}v=\mathrm{d}N/N$ 及其各种变形式的物理含义，特别是某一个速率区间的平均值不能用 $\int_{v_1}^{v_2}vf(v)\mathrm{d}v$ 计算，而用 $\int_{v_1}^{v_2}Nvf(v)\mathrm{d}v/\int_{v_1}^{v_2}Nf(v)\mathrm{d}v$ 计算。

（二）计算气体的速度或速率平均值

这类题型主要有两类：

第一类是在麦克斯韦速度和速率分布下直接求解速度分量、速率或速率函数的平均值，例如求解平均速率和方均根速率等。

第二类是给出一个数学形式较简单的速率分布函数，利用归一化条件首先确定其中的某些待定系数，然后求解在此分布下的平均值问题。

（三）碰壁及泄流问题

在速度空间中单位时间内碰到单位面积壁面上的分子数 $\Gamma=\dfrac{1}{4}n\bar{v}$。泄流问题要注意系统不再是封闭系统，粒子数不再是常数，而是随时间变化的量，因此需要求解关于时间的变化率问题。

（四）麦克斯韦－玻尔兹曼分布的问题

计算在各种势能场中粒子数的空间分布问题。

（五）能量均分定律的应用

借助能量均分定理直接计算平均能量，确定理想气体的比热容。能量均分定律一般的表述是能量表达式中每具有一个平方项，对应一份 $k_BT/2$ 的平均能量。

三、习题

5.1 在超高真空压强近似为 10^{-8} Pa 时，在 77 K 温度下分子数密度是多少？是标准状况时气体分子数密度的多少倍？

【解】

由 $p = nk_B T$ 可得

$$n = \frac{p}{k_B T} = \frac{10^{-8}}{1.38 \times 10^{-23} \times 77} = 9.41 \times 10^{12}(\mathrm{m}^{-3})$$

在标准状况下

$$n_0 = \frac{p_0}{k_B T_0} = \frac{1.013 \times 10^5}{1.38 \times 10^{-23} \times 273} = 2.68 \times 10^{25}(\mathrm{m}^{-3})$$

所以

$$\frac{n}{n_0} = 3.51 \times 10^{-13}$$

是标准状况时气体分子数密度的 3.51×10^{-13} 倍。

5.2 一容器内装有氧气（可以看成是刚性分子），压强为一个大气压，温度为 27 ℃，求：

（1）单位体积内的分子数。

（2）分子间的平均距离。

（3）分子的平均平动动能和总动能。

【解】

（1）单位体积内的分子数为

$$n = \frac{p}{k_B T} = \frac{1.0 \times 1.013 \times 10^5}{1.38 \times 10^{-23} \times 300} = 2.45 \times 10^{25}(\mathrm{m}^{-3})$$

（2）分子间的平均距离为

$$L = \sqrt[3]{\frac{1}{n}} = 3.47 \times 10^{-9}(\mathrm{m})$$

（3）分子的平均平动动能为

$$\bar{\varepsilon} = \frac{3}{2} k_B T = 6.21 \times 10^{-21}(\mathrm{J})$$

分子的总动能为

$$\bar{\varepsilon} = \frac{5}{2} k_B T = 1.04 \times 10^{-20}(\mathrm{J})$$

5.3 计算：氦原子在 7 K 时的方均根速率；氮分子在 27 ℃时的方均根速率；汞原子在 127 ℃时的方均根速率。

【解】

氦气的摩尔质量 $M_{\mathrm{He}} = 4 \times 10^{-3}$ kg，7 K 时的方均根速率为

$$\sqrt{v^2} = \sqrt{\frac{3RT}{M_{\mathrm{He}}}} = \sqrt{\frac{3 \times 8.31 \times 7}{4 \times 10^{-3}}} = 208.9(\mathrm{m/s})$$

氮气的摩尔质量 $M_{\mathrm{N_2}} = 28 \times 10^{-3}$kg，27 ℃时的方均根速率为

$$\sqrt{v^2} = \sqrt{\frac{3RT}{M_{\mathrm{N_2}}}} = \sqrt{\frac{3 \times 8.31 \times 300}{28 \times 10^{-3}}} = 516.8(\mathrm{m/s})$$

汞的摩尔质量 $M_{Hg}=200.59\times10^{-3}$kg，127 ℃时的方均根速率为

$$\sqrt{\overline{v^2}}=\sqrt{\frac{3RT}{M_{Hg}}}=\sqrt{\frac{3\times8.31\times400}{200.59\times10^{-3}}}=223.0(\mathrm{m/s})$$

5.4 计算电子在 1 000 K 时的平均能量是电子伏特（eV）的多少倍？此时它的方均根速率是多少？在 10 000 K 时，方均根速率是光速的几分之一？

提示：电子的质量为 9.1×10^{-31} kg。

【解】

1 000 K 时一个电子的平均能量为

$$\bar{\varepsilon}=\frac{3}{2}k_BT=\frac{3}{2}\times1.38\times10^{-23}\times1\ 000=2.07\times10^{-20}(\mathrm{J})=0.13(\mathrm{eV})$$

方均根速率为

$$\sqrt{\overline{v^2}}=\sqrt{\frac{3k_BT}{m}}=\sqrt{\frac{3\times1.38\times10^{-23}\times1\ 000}{9.1\times10^{-31}}}=2.13\times10^5(\mathrm{m/s})$$

10 000 K 时方均根速率为

$$\sqrt{\overline{v^2}}=\sqrt{\frac{3k_BT}{m}}=\sqrt{\frac{3\times1.38\times10^{-23}\times10\ 000}{9.1\times10^{-31}}}=0.67\times10^6(\mathrm{m/s})$$

方均根速率是光速的$\frac{0.67\times10^6}{3\times10^8}=\frac{1}{447.76}$。

5.5 已知：有 N 个假想的气体分子，其速率分布如图 5－1 所示，$v>2v_0$ 的分子数为 0。N，v_0 已知。求：

（1）速率在 $v_0\sim2v_0$ 间的分子数。

（2）分子的平均速率。

（3）分子的方均根速率。

图 5－1

【解】

由图 5－1 可以得出速率分布函数为

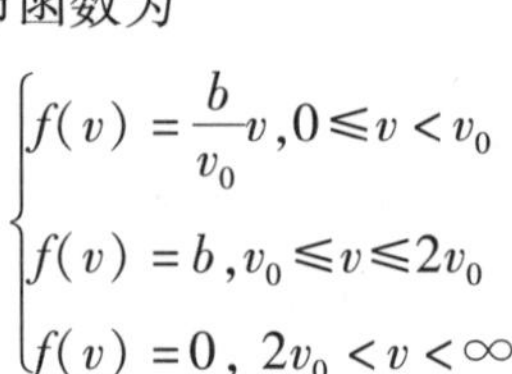

$$\begin{cases}f(v)=\dfrac{b}{v_0}v,0\leqslant v<v_0\\ f(v)=b,v_0\leqslant v\leqslant2v_0\\ f(v)=0,\ 2v_0<v<\infty\end{cases}$$

（1）由归一化条件

$$\int_0^{\infty}f(v)\,\mathrm{d}v=1$$

得到

$$b=\frac{2}{3v_0}$$

解得 $v_0\sim2v_0$ 间的分子数为

$$N_1=N\cdot\int_{v_0}^{2v_0}f(v)\,\mathrm{d}v=\frac{2}{3}N$$

（2）分子的平均速率为

$$\overline{v}=\int_0^{\infty} vf(v)g\mathrm{d}v=\frac{11}{9}v_0$$

（3）分子的方均速率为

$$\begin{aligned}\overline{v^2}&=\int_0^{\infty} v^2 f(v)g\mathrm{d}v=\int_0^{v_0} v^2\frac{b}{v_0}vg\mathrm{d}v+\int_{v_0}^{2v_0} v^2 bg\mathrm{d}v\\&=\frac{b}{v_0}\frac{1}{4}v_0^4+\frac{1}{3}b[(2v_0)^3-(v_0)^3]\\&=\frac{1}{6}v_0^2+\frac{14}{9}v_0^2\\&=\frac{31}{18}v_0^2\end{aligned}$$

所以，分子的方均根速率为

$$\sqrt{\overline{v^2}}=1.312v_0$$

5.6　利用麦克斯韦－玻尔兹曼速率分布，分别在 600 K 下和在 300 K 下找到速度为 476 m/s 附近单位速率间隔内的氮分子的概率各是多少？两者概率之比是多少？

【解】

麦克斯韦－玻尔兹曼速率分布为

$$f(v)=4\pi\left(\frac{m}{2\pi k_B T}\right)^{\frac{3}{2}}v^2\exp\left(\frac{-mv^2}{2k_B T}\right)$$

已知氮气的摩尔质量为 28 g/mol，一个氮分子的质量为

$$m=\frac{28\times 10^{-3}}{6.02\times 10^{23}}=4.65\times 10^{-26}(\mathrm{kg})$$

代入麦克斯韦－玻尔兹曼速率分布，可得

$$T_1=600\ \mathrm{K},\ f_1(v)=0.001\ 3$$
$$T_2=300\ \mathrm{K},\ f_2(v)=0.001\ 9$$

两者概率之比为

$$\frac{f_1(v)}{f_2(v)}=\frac{0.001\ 3}{0.001\ 9}=0.684$$

5.7　假设气体的粒子速度分布由下式给出

$$N(v)\mathrm{d}v=Ave^{-v/v_0}\mathrm{d}v$$

式中，v_0 为已知的常量；A 为归一化系数。

（1）求归一化系数 A。

（2）求 $\overline{v}$ 和 v_{rms}，并用 v_0 表示。

（3）求最概然速率。

（4）求速度与平均值的标准偏差，其定义为

$$\sigma\equiv[\overline{(v-\overline{v})^2}]^{1/2}$$

【解】

（1）由归一化条件可以得到

$$\int N(v)\,\mathrm{d}v = \int Av\mathrm{e}^{-v/v_0}\mathrm{d}v = 1$$

上式积分可得

$$\int_0^\infty Av\mathrm{e}^{-v/v_0}\mathrm{d}v = -Av_0v\mathrm{e}^{-v/v_0}\Big|_0^\infty + \int_0^\infty Av_0\mathrm{e}^{-v/v_0}\mathrm{d}v$$

$$= -\int_0^\infty Av_0^2\mathrm{d}(\mathrm{e}^{-v/v_0}) = Av_0^2 = 1$$

$$A = \frac{1}{v_0^2}$$

（2）平均速率为

$$\bar{v} = \int_0^\infty Av^2\mathrm{e}^{-v/v_0}\mathrm{d}v$$

再利用分部积分法，即

$$\bar{v} = \frac{1}{v_0}\int_0^\infty v^2\mathrm{d}(-\mathrm{e}^{-v/v_0}) = \frac{1}{v_0}\int_0^\infty 2v\mathrm{e}^{-v/v_0}\mathrm{d}v = 2v_0$$

方均根速率为

$$\overline{v^2} = \int_0^\infty Av^3\mathrm{e}^{-v/v_0}\mathrm{d}v$$

再利用两次分部积分法，即

$$\overline{v^2} = -\frac{1}{v_0^2}v_0\int_0^\infty v^3\mathrm{d}(-\mathrm{e}^{-v/v_0}) = \frac{1}{v_0}\int_0^\infty 3v^2\mathrm{e}^{-v/v_0}\mathrm{d}v = 6v_0^2$$

方均根速率为

$$v_{\mathrm{rms}} = \sqrt{\overline{v^2}} = \sqrt{6}v_0$$

（3）由

$$\frac{\mathrm{d}N(v)}{\mathrm{d}v} = 0$$

$$\frac{\mathrm{d}(Av\mathrm{e}^{-v/v_0})}{\mathrm{d}v} = 0$$

解得最概然速率为

$$v = v_0$$

（4）由（2）得出结果，速度与平均值的标准偏差为

$$\sqrt{\overline{v^2} - \bar{v}^2} = \sqrt{2}v_0$$

5.8 由麦克斯韦－玻尔兹曼速率分布证明速率小于最概然速率的分子数占总分子数的百分比与温度无关，并求出这一常数。

提示：误差函数定义为 $\mathrm{erf}(x) = \frac{2}{\sqrt{\pi}}\int_0^x \mathrm{e}^{-x^2}\mathrm{d}x$，且 $\mathrm{erf}(1) = 0.8427$。

【解】

令 $x=v/v_p$，麦克斯韦－玻尔兹曼速率分布律可以改写为

$$f(v)=\frac{4}{\sqrt{\pi}}x^2\mathrm{e}^{-x^2}$$

分子数小于最概然速率的分子数占总分子数的百分比为

$$\frac{\mathrm{d}N_{0-v_p}}{N}=\int_0^1\frac{4}{\sqrt{\pi}}x^2\mathrm{e}^{-x^2}\mathrm{d}x$$

上式积分可以得到

$$\begin{aligned}\frac{\mathrm{d}N_{0-v_p}}{N}&=\frac{4}{\sqrt{\pi}}\left(-\frac{1}{2\mathrm{e}}+\frac{1}{2}\int_0^1\mathrm{e}^{-x^2}\mathrm{d}x\right)\\&=-\frac{2}{\sqrt{\pi}\mathrm{e}}+\mathrm{erf}(1)\\&=0.8427-0.4151\\&=0.4276\end{aligned}$$

5.9　已知粒子遵从经典玻耳兹曼分布，其能量表达式为

$$\varepsilon=\frac{1}{2m}(p_x^2+p_y^2+p_z^2)+ax^2+bx$$

式中，a、b 为常数，求粒子的平均能量。

【解】

将能量写为如下形式：

$$\begin{aligned}\varepsilon&=\frac{1}{2m}(p_x^2+p_y^2+p_z^2)+ax^2+bx\\&=\frac{1}{2m}(p_x^2+p_y^2+p_z^2)+\left(\sqrt{a}x+\frac{b}{2\sqrt{a}}\right)^2-\frac{b^2}{4a}\end{aligned}$$

根据能量均分定理，每个平方项平均之后分配能量 $k_BT/2$，因此粒子的平均能量为

$$\bar{\varepsilon}=2k_BT-\frac{b^2}{4a}$$

5.10　某种气体，处于热平衡状态，温度为 T，其分子的速度为 v，v 在直角坐标系中的 3 个分量分别为 v_x、v_y、v_z。只用平衡态理论和简单的求和，回答下列问题：

（1）$\bar{v}_x$ 等于多少？

（2）$\overline{v_x^2}$ 等于多少？

（3）$\overline{v_xv^2}$ 等于多少？

（4）$\overline{(v_x+bv_y)^2}$ 等于多少？式中，b 为常数。

【解】

系统处于热平衡，速度的分布是各向同性的，遵循麦克斯韦－玻尔兹曼分布

（1）
$$\overline{v_x}=0$$

热平衡状态下，每个方向的速度分量的平均值为0。

（2）由于各向同性的粒子速度分布属性，速度沿各个方向分量的平方平均值都相等，因此等于速度平方平均值的1/3，即

$$\overline{v_x^2}=\frac{1}{3}\overline{v^2}$$

（3）由于速度的分布在各个方向是各向同性的，v_xv^2 在 x 方向上的分布也是对称的，因此其平均值

$$\overline{v_xv^2}=0$$

（4）$\overline{(v_x+bv_y)^2}$可以写为

$$\overline{(v_x+bv_y)^2}=\overline{v_x^2}+2b\overline{v_xv_y}+\overline{b^2v_y^2}$$

根据前面的结果，有$\overline{v_x^2}=\frac{1}{3}\overline{v^2}$，$\overline{v_y}=\frac{1}{3}\overline{v^2}$。$v_xv_y$在热平衡状态下的平均值为0，因此有

$$\overline{(v_x+bv_y)^2}=\frac{1}{3}\overline{v^2}+b^2\frac{1}{3}\overline{v^2}=\frac{1}{3}\overline{v^2}+\frac{1}{3}b^2\overline{v^2}$$

5.11 有 N 个粒子组成的系统的速率分布为

$$f(v)=\begin{cases}C, & 0<v<v_0\\ 0, & v>v_0\end{cases}$$

式中，C 为常数。

（1）画出速率分布曲线。

（2）由 N 和 v_0 定出 C。

（3）求粒子的平均速率和方均根速率。

【解】

（1）由

$$f(v)=\begin{cases}C, & 0<v<v_0\\ 0, & v>v_0\end{cases}$$

速率分布曲线如图5－2所示。

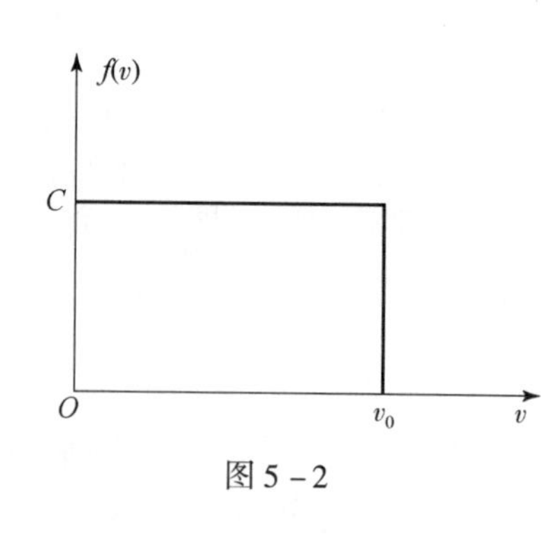

图5－2

（2）由归一化条件

$$\int_0^{\infty}f(v)\,\mathrm{d}v=1$$

得出

$$\int_0^{v_0}C\mathrm{d}v+0=1\text{，解得 }C=\frac{1}{v_0}$$

（3）粒子的平均速率为

$$\bar{v}=\int_0^{\infty}vf(v)\,\mathrm{d}v=\int_0^{v_0}Cv\mathrm{d}v=\frac{1}{2}Cv_0^2=\frac{1}{2}v_0$$

粒子的方均速率为

$$\overline{v^2}=\int_0^{\infty} v^2 f(v)\,\mathrm{d}v=\int_0^{v_0} Cv^2\,\mathrm{d}v = \frac{1}{3}Cv_0^3=\frac{1}{3}v_0^2$$

方均根速率为

$$\sqrt{\overline{v^2}}=\frac{\sqrt{3}}{3}v_0$$

5.12　导体中自由电子的运动可看作类似于气体分子的运动（故称电子气）。设导体中共有 N 个自由电子，其中电子的最大速率为 v_F（称为费米速率）。电子在速率 $v\sim v+\mathrm{d}v$ 间的概率为

$$\frac{\mathrm{d}N}{N}=\begin{cases}\dfrac{4\pi A}{N}v^2\,\mathrm{d}v, & 0<v<v_F,\ A\text{ 为常数}\\ 0, & v>v_F\end{cases}$$

（1）画出分布图。

（2）用 N 和 v_F 定出常数 A。

（3）证明电子气的平均动能 $\bar{\varepsilon}=\dfrac{3}{5}\varepsilon_F$，其中 $\varepsilon_F=\dfrac{1}{2}mv_F^2$。

【解】

（1）根据题意，自由电子的速率分布函数为

$$f(v)=\frac{\mathrm{d}N}{N\mathrm{d}v}=\begin{cases}\dfrac{4\pi A}{N}v^2, & 0<v<v_F\\ 0, & v>v_F\end{cases}$$

因此，$f(v)$ 的函数图像如图 5－3 所示。

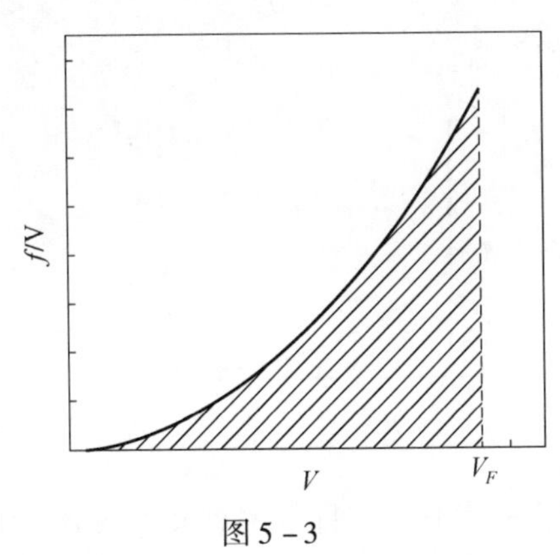

图 5－3

（2）根据归一化条件，可得

$$\int_0^{\infty} f(v)\,\mathrm{d}v=1\Rightarrow\frac{4\pi A}{N}\int_0^{v_F}v^2\,\mathrm{d}v=1$$

因此，

$$A=\frac{3N}{4\pi v_F^3}$$

（3）速率位于 $v\sim v+\mathrm{d}v$ 的电子数为

$$dN = 4\pi A v^2 dv = \frac{3N}{v_F^3} v^2 dv$$

速率位于 $v \sim v + dv$ 间的电子气的动能之和为

$$\frac{1}{2} m v^2 \cdot dN = N \frac{3m}{2v_F^3} v^4 dv$$

则电子气的平均动能为

$$\bar{\varepsilon} = \frac{\int_0^{v_F} \frac{1}{2} m v^2 dN}{N} = \frac{3}{5}\left(\frac{1}{2} m v_F^2\right) = \frac{3}{5}\varepsilon_F$$

或者，本问可以根据速率分布函数直接求电子气的平均动能。电子气的动能可写为

$$\varepsilon = \frac{1}{2} m v^2$$

所以，电子气的平均动能为

$$\bar{\varepsilon} = \int_0^{\infty} \varepsilon(v) f(v) dv = \int_0^{\infty} \frac{1}{2} m v^2 f(v) dv = \frac{3}{5}\varepsilon_F$$

5.13 半导体掺杂技术是半导体功能材料研究中的一项重要技术。如图 5－4 所示，对于某种半导体材料，沿 x 方向，随着距半导体表面距离的增大，杂质的分布函数（即概率密度）为

$$f(x) = \begin{cases} \frac{1}{3}\delta(x) + \frac{2}{3a}\exp\left(-\frac{x}{a}\right), & x \geqslant 0 \\ 0, & x < 0 \end{cases}$$

式中，a 为具有长度单位的常数。

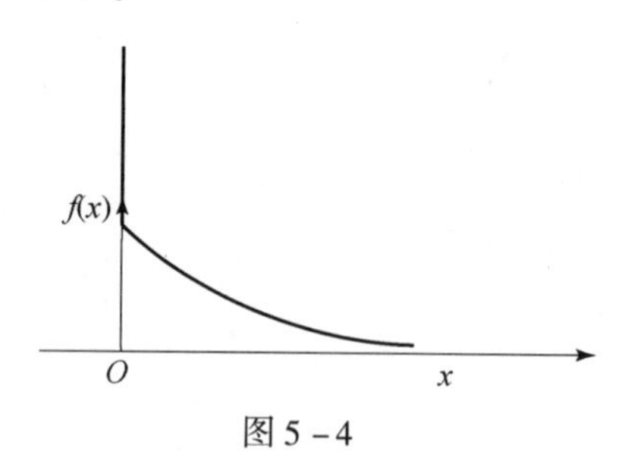

图 5－4

（1）试求出杂质的累积概率分布（即概率意义上的分布函数）。

（2）求在此分布下，x 的平均值 $\bar{x}$。

（3）求在此分布下，x 的涨落的平均值，即 $\overline{(x-\bar{x})^2}$。

已知 δ 函数的定义为

$$\begin{cases} \delta(x - x_0) = 0, & x \neq x_0 \\ \delta(x - x_0) = \infty, & x = x_0 \end{cases}$$

$$\int_a^b \delta(x - x_0) dx = \begin{cases} 0, & a, b < x_0, \text{或 } a, b > x_0 \\ 1, & a < x_0 < b \end{cases}$$

一般，δ 函数具有如下性质：

$$\int_a^b f(x)\delta(x-x_0)\mathrm{d}x = f(x_0)\,,\ a<x_0<b$$

【解】

（1）根据概率密度函数，可求杂质的累计概率分布，即

$$\begin{aligned} P(x) &= \int_{-\infty}^{x} f(t)\mathrm{d}t \\ &= \int_0^x \left[\frac{1}{3}\delta(t) + \frac{2}{3a}\exp\left(-\frac{t}{a}\right)\right]\mathrm{d}t \\ &= \frac{1}{3} - \frac{2}{3}\left[\exp\left(-\frac{x}{a}\right) - 1\right] \\ &= 1 - \frac{2}{3}\exp\left(-\frac{x}{a}\right),\ x\geqslant 0 \end{aligned}$$

（2）根据概率密度函数，可直接求 x 的平均值为

$$\begin{aligned} \bar{x} &= \int_{-\infty}^{+\infty} x f(x)\mathrm{d}x \\ &= \int_0^{+\infty} x\left[\frac{1}{3}\delta(x) + \frac{2}{3a}\exp\left(-\frac{x}{a}\right)\right]\mathrm{d}x \\ &= 0 + \frac{2}{3a}\int_0^{+\infty} x\exp\left(-\frac{x}{a}\right)\mathrm{d}x \\ &= \frac{2}{3}a \end{aligned}$$

（3）根据 x 的平均值，可求 x 的涨落的平均值为

$$\begin{aligned} \overline{(x-\bar{x})^2} &= \int_{-\infty}^{+\infty} (x-\bar{x})^2 f(x)\mathrm{d}x \\ &= \int_0^{+\infty} \left(x-\frac{2}{3}a\right)^2\left[\frac{1}{3}\delta(x) + \frac{2}{3a}\exp\left(-\frac{x}{a}\right)\right]\mathrm{d}x \\ &= \frac{1}{3}\int_0^{+\infty}\left(x-\frac{2}{3}a\right)^2\delta(x)\mathrm{d}x + \frac{2}{3a}\int_0^{+\infty}\left(x-\frac{2}{3}a\right)^2\exp\left(-\frac{x}{a}\right)\mathrm{d}x \\ &= \frac{4}{27}a^2 + \frac{2}{3a}\int_0^{+\infty}\left(x^2 - \frac{4}{3}ax + \frac{4}{9}a^2\right)\exp\left(-\frac{x}{a}\right)\mathrm{d}x \\ &= \frac{4}{27}a^2 + \frac{2}{3a}\left(2a^3 - \frac{4}{3}a^3 + \frac{4}{9}a^3\right) \\ &= \frac{8}{9}a^2 \end{aligned}$$

5.14　根据麦克斯韦－玻尔兹曼速率分布律，求分子平动动能处在 $\varepsilon\to\varepsilon+\mathrm{d}\varepsilon$ 区间的概率，并且求分子平动动能的最概然值，其中 $\varepsilon = mv^2/2$。

【解】

根据麦克斯韦－玻尔兹曼速率分布律

$$f(v)\mathrm{d}v = 4\pi\left(\frac{m}{2\pi k_B T}\right)^{3/2} \mathrm{e}^{-mv^2/2k_B T} v^2\mathrm{d}v$$

由 $\varepsilon = mv^2/2$ 得到 $v=\sqrt{\frac{2\varepsilon}{m}}$，$\mathrm{d}v=\frac{\mathrm{d}\varepsilon}{\sqrt{2m\varepsilon}}$，将两式代入上式，即

$$f(\varepsilon)\mathrm{d}\varepsilon = 4\pi\left(\frac{m}{2\pi k_B T}\right)^{3/2}\mathrm{e}^{-\varepsilon/k_B T}\cdot\frac{2\varepsilon}{m}\cdot\frac{\mathrm{d}\varepsilon}{\sqrt{2m\varepsilon}}$$

$$=\frac{2}{\sqrt{\pi}}(k_B T)^{-\frac{3}{2}}\varepsilon^{1/2}\mathrm{e}^{-\varepsilon/k_B T}\mathrm{d}\varepsilon$$

根据上式求分子平动动能的最概然值：

令 $\frac{\mathrm{d}f(\varepsilon)}{\mathrm{d}\varepsilon}=0$，解得分子平动动能的最概然值为

$$\varepsilon_p=\frac{k_B T}{2}$$

5. 15 试求速率大于某一定值 v_0 的气体分子每秒与单位面积器壁的碰撞次数。

【解】

建立如图 5－5 所示的直角坐标系。

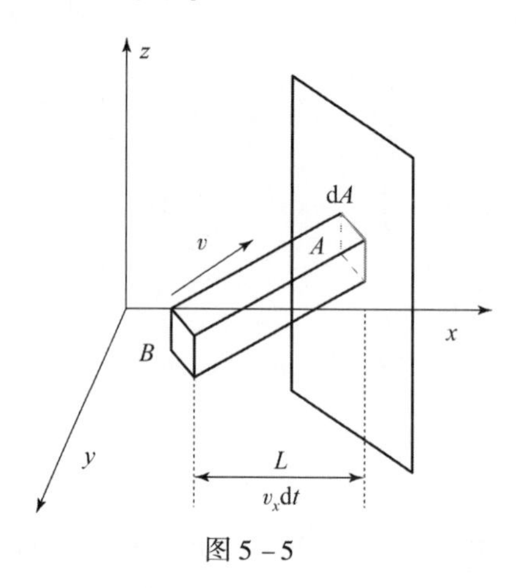

图 5－5

在垂直于 x 轴的壁面上取面积为 $\mathrm{d}A$ 的面元，则在 $\mathrm{d}t$ 时间内经过距离墙面为 L 处的 B 点能够碰撞到 $\mathrm{d}A$ 面元上的总的分子数为

$$\mathrm{d}N'(v_x,v_y,v_z)=nf(v_x,v_y,v_z)\mathrm{d}v_x\mathrm{d}v_y\mathrm{d}v_z\cdot v_x\mathrm{d}t\mathrm{d}A$$

这里 $L=v_x\mathrm{d}t$，$f(v_x,v_y,v_z)$ 为麦克斯韦－玻尔兹曼速率分布。

本题的关键是写出碰壁分子按速率的分布。尝试将上式转化为极坐标下的表示，利用

$$v_x = v\sin\theta\cos\varphi$$

$$\mathrm{d}v_x\mathrm{d}v_y\mathrm{d}v_z=v^2\sin\theta\mathrm{d}\theta\mathrm{d}\varphi\mathrm{d}v$$

得到

$$\mathrm{d}N'(v_x,v_y,v_z)=nf(v_x,v_y,v_z)v^3\sin^2\theta\cos\varphi\mathrm{d}\theta\mathrm{d}\varphi\mathrm{d}v\mathrm{d}t\mathrm{d}A$$

$$=\frac{1}{4\pi}f(v)\cdot v\sin^2\theta\cos\varphi\mathrm{d}\theta\mathrm{d}\varphi\mathrm{d}v\mathrm{d}t\mathrm{d}A$$

由于 v_y、v_z 为任意值，因此 φ 的取值范围为 $-\frac{\pi}{2}\sim\frac{\pi}{2}$；$v_x>0$，因此所对应的方位角 θ 的取值范围为 $0\sim\pi$。

速率介于 $v\sim v+\mathrm{d}v$ 区间，在 $\mathrm{d}t$ 时间内能与 $\mathrm{d}A$ 面元碰撞的分子数为

$$\begin{aligned}\mathrm{d}N &= \int_{-\frac{\pi}{2}}^{\frac{\pi}{2}}\mathrm{d}\varphi\int_0^{\pi}\mathrm{d}\theta n f(v_x,v_y,v_z)v_x v^2\sin\theta\mathrm{d}v\mathrm{d}t\mathrm{d}A\\ &= \int_{-\frac{\pi}{2}}^{\frac{\pi}{2}}\mathrm{d}\varphi\int_0^{\pi}\mathrm{d}\theta n f(v_x,v_y,v_z)v^3\sin^2\theta\cos\varphi\mathrm{d}v\mathrm{d}t\mathrm{d}A\\ &= \int_{-\frac{\pi}{2}}^{\frac{\pi}{2}}\mathrm{d}\varphi\int_0^{\pi}\mathrm{d}\theta n\cdot\frac{1}{4\pi}f(v)\cdot v\sin^2\theta\cos\varphi\mathrm{d}v\mathrm{d}t\mathrm{d}A\\ &= \frac{n}{4}f(v)v\mathrm{d}v\mathrm{d}t\mathrm{d}A\end{aligned}$$

因此，速率大于某一给定值 v_0 的气体分子每秒与单位面积器壁的碰撞次数为

$$\begin{aligned}N &= \int_{v_0}^{\infty}\frac{n}{4}f(v)v\mathrm{d}v\\ &= \int_0^{\infty}\frac{n}{4}f(v)v\mathrm{d}v-\int_0^{v_0}\frac{n}{4}f(v)v\mathrm{d}v\\ &= \frac{n}{4}\bar{v}-\int_0^{v_0}\frac{n}{4}f(v)v\mathrm{d}v\end{aligned}$$

用最概然速率 v_p 去约化速率，令 $x=\frac{v}{v_p}$，$x_0=\frac{v_0}{v_p}$并积分得到

$$n'=\frac{n}{4}\bar{v}-\frac{n}{2\sqrt{\pi}}v_p\left[1-\mathrm{e}^{-x^2}(1-x_0^2)\right]$$

5.16　已知水与其上方的水蒸气处于平衡。水蒸气可看作是理想气体，并可设凡是碰到水面上的水蒸气分子都凝结成水。水的温度为 25 ℃，饱和蒸气压 $p=23.8$ mmHg。求单位时间从单位面积水面蒸发出来的分子数。

【解】

由题意可知，水与其上方的水蒸气平衡。因此，从水面蒸发出来的分子数等于碰撞到水面的水蒸气分子数。水蒸气可看作是理想气体，单位时间碰撞到单位面积水面的分子数为

$$\Gamma=\frac{1}{4}n\bar{v}$$

式中，$\bar{v}=\sqrt{\frac{8k_BT}{\pi m}}$，$n=\frac{p}{k_BT}$，代入上式，得

$$\Gamma=\frac{p}{4k_BT}\sqrt{\frac{8k_BT}{\pi m}}=\frac{p}{\sqrt{2\pi mk_BT}}$$

水的分子质量为 29.9×10^{-27} kg，$T=298$ K，$p=23.8$ mmHg $=3.17\times10^3$ Pa，$k_B=1.38\times10^{-23}$ J/K，代入上式可得 $\Gamma=1.14\times10^{26}\ \mathrm{m^2/s}$。

5.17 一个半径为 R、长度为 L 的离心器，如图 5－6 所示，其中含有 N 个质量为 m 的沙粒，绕其轴以角速度 ω 转动。忽略引力的影响，并假设离心器旋转的时间足以使沙粒达到了平衡。求沙粒沿径向 r 的密度分布。

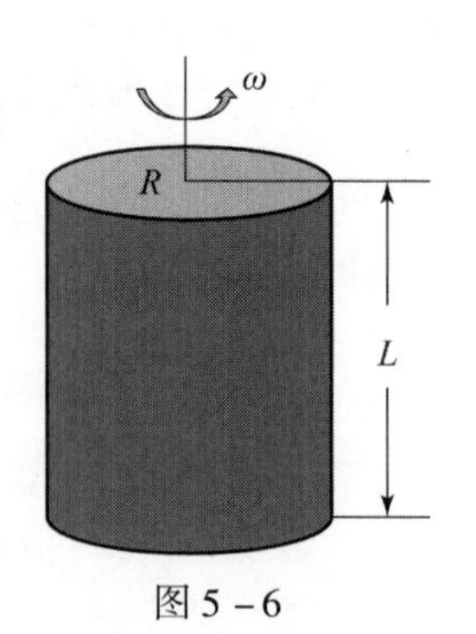

图 5－6

【解】

在旋转系统中达到平衡后，沙粒的动能为

$$E(r)=\frac{1}{2}I\omega^2=\frac{1}{2}mr^2\omega^2$$

式中，I 为转动惯量。势能为

$$U(r)=-\frac{1}{2}mr^2\omega^2$$

对于一个圆盘，粒子数径向概率密度分布遵循玻尔兹曼分布，有

$$n(r)=A\exp\left(-\frac{U(r)}{k_BT}\right)=A\exp\left(\frac{m\omega^2r^2}{2k_BT}\right)$$

式中，A 为归一化因子。假设离心器中轴向粒子数概率密度分布是相同的，则 $n(r)$ 即为离心器中粒子数径向概率密度分布。由归一化条件 $\int_0^{\infty}n(r)\mathrm{d}V=1$，可得

$$\int_0^R A\exp\left(\frac{m\omega^2r^2}{2k_BT}\right)2\pi rL\mathrm{d}r=1$$

解得

$$A=\frac{m\omega^2}{2\pi k_BTL}\frac{1}{\exp\left(\frac{m\omega^2r^2}{2k_BT}-1\right)}$$

因此，离心器中沙粒沿径向 r 的概率密度分布为

$$n(r)=A\exp\left(\frac{m\omega^2r^2}{2k_BT}\right)=\frac{m\omega^2}{2\pi k_BTL}\frac{\exp\left(\frac{m\omega^2r^2}{2k_BT}\right)}{\exp\left(\frac{m\omega^2r^2}{2k_BT}-1\right)}$$

离心器中沙粒沿径向 r 的密度分布为 $Nn(r)$，即

$$Nn(r)=\frac{Nm\omega^2}{2\pi k_BTL}\frac{\exp\left(\frac{m\omega^2r^2}{2k_BT}\right)}{\exp\left(\frac{m\omega^2r^2}{2k_BT}-1\right)}$$

5.18 测得某地海平面上的气压为 750 mmHg，某山顶的压强为 610 mmHg，试求该山的高度。已知空气的摩尔质量为 29 g/mol，并且近似认为地面附近大气是等温的，温度为 7 ℃。

【解】

由等温气压公式，地面上高度为 z 处的大气压强为

$$p(z)=p_0\mathrm{e}^{-mgz/k_BT}$$

由上式可以得到山的高度，即

$$z=-\frac{k_BT}{mg}\ln\frac{p(z)}{p_0}=-\frac{k_BT}{Mg/N_0}\ln\frac{p(z)}{p_0}$$

代入数值，即

$$z=-\frac{1.38\times10^{-23}\times280}{29\times10^{-3}\times9.8/6.023\times10^{23}}\ln\frac{610}{750}\approx1.748\times10^3(\mathrm{m})$$

5.19　已知空气的摩尔质量为 29 g/mol，标准大气压强为 1atm。假设地球大气是等温的，温度为 27 ℃，求距离地面高为 8 km 处的大气压强。

【解】

由等温气压公式，距离地面高为 z 处的大气压强为

$$p(z)=p_0\mathrm{e}^{-mgz/k_BT}$$

由题意可知，$p_0=1$ atm，$m=\dfrac{29\times10^{-3}}{6.023\times10^{23}}$ kg，$T=300$ K，$z=8\ 000$ m，代入上式可以得到距离地面高为 8 km 处的大气压强为

$$p=1\times\exp(-0.912)=0.402(\mathrm{atm})$$

5.20　设大气可以看作是摩尔质量为 M 的理想气体，地球表面附近的重力加速度为 g。

（1）如果大气分布是等温的，证明大气压强 p 随海拔高度 z 的变化为

$$\frac{\mathrm{d}p}{p}=-\frac{Mg}{RT}\mathrm{d}z$$

式中，R 为气体常量。

（2）假设大气压强随离海拔的增大而减小是由于绝热膨胀的结果，证明

$$\frac{\mathrm{d}T}{T}=\frac{1-\gamma}{\gamma}\frac{Mg}{RT}\mathrm{d}z$$

式中，$\gamma=\dfrac{c_p}{c_V}$，并求氮气的 $\mathrm{d}T/\mathrm{d}z$。

（3）利用（2）结论，设在海平面 $p=p_0$，$T=T_0$，求绝热大气的 $p(z)$ 和 $T(z)$。

【证明】

（1）重力场中的大气、压强和分子数密度随海拔高度而变化，即

$$p=p(z),\ n=n(z)$$

如图 5－7 所示，在气体中取一柱体，上下面积为 ΔS，高为 $\mathrm{d}z$，静止时柱体受力平衡，即

$$\mathrm{d}p\Delta S=-nmg\mathrm{d}z\Delta S$$

$$\frac{\mathrm{d}p}{\mathrm{d}z}=-nmg$$

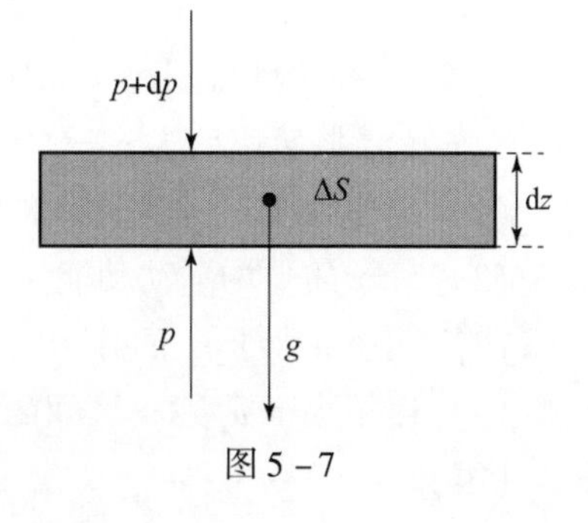

图 5－7

式中，m 为分子质量，$m=M/N_b$。利用理想气体状态方程 $p=nk_BT$，代入上式可得

$$\frac{\mathrm{d}p}{p}=-\frac{Mg}{RT}\mathrm{d}z$$

（2）大气经历了绝热膨胀过程，因此可知

$$\frac{p^{\gamma-1}}{T^{\gamma}}=C\Rightarrow\frac{\mathrm{d}T}{T}=\frac{\gamma-1}{\gamma}\frac{\mathrm{d}p}{p}$$

将（1）中结论代入上式，可得

$$\frac{\mathrm{d}T}{T}=\frac{1-\gamma}{\gamma}\frac{Mg}{RT}\mathrm{d}z$$

已知空气的摩尔质量为 29 g/mol，$\gamma=1.4$，则

$$\frac{\mathrm{d}T}{\mathrm{d}z}=\frac{1-\gamma}{\gamma}\frac{Mg}{R}=-9.43\ \mathrm{K/m}$$

证毕。

（3）已知边界条件 $z=0$，$T=T_0$，$p=p_0$，将上式两边积分，解得

$$T(z)=T_0\left[1-\left(\frac{\gamma-1}{\gamma}\right)\left(\frac{Mg}{RT_0}\right)z\right]$$

进而得到

$$p(z)=p_0\left[1-\left(\frac{\gamma-1}{\gamma}\right)\left(\frac{Mg}{RT_0}\right)z\right]^{\gamma/(\gamma-1)}$$

5.21 已知组成氧气的两个氧原子核间距为 1.2074×10^{-8} cm，氧原子的质量为 $16u$，（$1u=1.6605\times10^{-27}$ kg）。请估算温度为 27 ℃时氧气分子转动角频率的数值。

【解】

氧气分子有两个转动自由度，由能均分定理可知氧气分子的平均转动动能为

$$k_BT=1.38\times10^{-23}\times300=4.14\times10^{-21}(\mathrm{J})$$

氧气分子的转动可以近似看成是两个氧原子绕 O－O 键中点的定点转动，其转动动能可以表示为$\frac{1}{2}I\omega^2$，其中转动惯量 $I=2mr^2$，$m=16\ u$，$r=0.5\times1.2074\times10^{-10}$ m，

$$I=2\times16\times1.6605\times10^{-27}\times(0.5\times1.2074\times10^{-10})^2=1.94\times10^{-46}(\mathrm{kg/m^2})$$

由

$$k_BT=\frac{1}{2}I\omega^2$$

得到转动角频率为

$$\omega=\sqrt{\frac{2k_BT}{I}}=\sqrt{\frac{2\times1.38\times10^{-23}\times300}{1.94\times10^{-46}}}=6.53\times10^{12}(\mathrm{rad/s})$$

5.22 在平衡状态下，已知理想气体分子的麦克斯韦速率分布函数为 $f(v)$、分子质量为 m、最概然速率为 v_p、总分子数为 N，试写出：

（1）速率大于 v_p 速率区间的分子数占总分子数的百分比。

（2）分子的平均平动动能。

（3）速率 v 大于 v_p 的分子的平均速率，该区间分子速率之和。

（4）速率小于 v_p 速率区间的分子数。

【解】

（1）速率大于 v_p 速率区间的分子数占总分子数的百分比为

$$\int_{v_p}^{\infty}f(v)\,\mathrm{d}v$$

（2）分子的平均平动动能为

$$\bar{\varepsilon}=\int_0^{\infty}\frac{1}{2}mv^2f(v)\,\mathrm{d}v$$

（3）速率 v 大于 v_p 的分子的平均速率，该区间分子速率之和为

$$\int_{v_p}^{\infty}v\mathrm{d}N=\int_{v_p}^{\infty}vNf(v)\,\mathrm{d}v$$

该区间分子数为

$$\Delta N=\int\mathrm{d}N=\int_{v_p}^{\infty}Nf(v)\,\mathrm{d}v$$

$$\bar{v}_{v>v_p}=\frac{\int_{v_p}^{\infty}vNf(v)\,\mathrm{d}v}{\int_{v_p}^{\infty}Nf(v)\,\mathrm{d}v}=\frac{\int_{v_p}^{\infty}vf(v)\,\mathrm{d}v}{\int_{v_p}^{\infty}f(v)\,\mathrm{d}v}$$

（4）速率小于 v_p 速率区间的分子数为

$$\Delta N=\int_0^{v_p}Nf(v)\,\mathrm{d}v$$

5.23　在平衡状态下，已知某理想气体分子的麦克斯韦速度分布函数为 $f(v_x,v_y,v_z)$、分子质量为 m、总分子数为 N，试写出用以上给定条件的下列物理量的表达式：

（1）速度分量 v_z 位于 $-\infty\sim0$ 的分子数。

（2）速度分量 v_y 位于 $v_0\sim\infty$的概率。

（3）速度分量 v_x 位于 $v_x\sim v_x+\mathrm{d}v_x$ 的分子数。

（4）$\frac{1}{2}mv_x^2$ 的平均值。

【解】

（1）速度分量 v_z 位于 $-\infty\sim0$ 的分子数为

$$\int_{-\infty}^{+\infty}Nf(v_x,v_y,v_z)\,\mathrm{d}v_x\int_{-\infty}^{+\infty}\mathrm{d}v_y\int_{-\infty}^{0}\mathrm{d}v_z=\int_{-\infty}^{0}Nf(v_z)\,\mathrm{d}v_z$$

（2）速度分量 v_y 位于 $v_0\sim\infty$的概率为

$$\int_{-\infty}^{+\infty}f(v_x,v_y,v_z)\,\mathrm{d}v_x\int_{v_0}^{\infty}\mathrm{d}v_y\int_{-\infty}^{+\infty}\mathrm{d}v_z$$

（3）速度分量 v_x 位于 $v_x\sim v_x+\mathrm{d}v_x$ 的分子数为

$$\left(\int_{-\infty}^{+\infty}\int_{-\infty}^{+\infty}Nf(v_x,v_y,v_z)\,\mathrm{d}v_y\mathrm{d}v_z\right)\mathrm{d}v_x=Nf(v_x)\,\mathrm{d}v_x$$

（4）$\frac{1}{2}mv_x^2$ 的平均值为

$$\begin{aligned}&\int_{-\infty}^{+\infty}\int_{-\infty}^{+\infty}\int_{-\infty}^{+\infty}\frac{1}{2}mv_x^2f(v_x,v_y,v_z)\,\mathrm{d}v_x\mathrm{d}v_y\mathrm{d}v_z\\&=\int_{-\infty}^{+\infty}f(v_y)\,\mathrm{d}v_y\int_{-\infty}^{+\infty}f(v_z)\,\mathrm{d}v_z\int_{-\infty}^{+\infty}\frac{1}{2}mv_x^2f(v_x)\,\mathrm{d}v_x\\&=\frac{1}{2}m\overline{v_x^2}\\&=\frac{1}{6}m\overline{v^2}\end{aligned}$$

5.24 计算理想气体速率处于 $v_p-0.01v_p \sim v_p+0.01v_p$ 区间内分子数占总分子数的百分比。

【解】

速率在 $v \sim v+\mathrm{d}v$ 区间的分子数百分比为

$$\frac{\mathrm{d}N}{N}=4\pi\left(\frac{m}{2\pi k_B T}\right)^{3/2}\mathrm{e}^{-mv^2/2k_BT}v^2\mathrm{d}v$$

考虑到 $v_p=\sqrt{\frac{2k_BT}{m}}$，并令 $x=\frac{v}{v_p}$，代入上式得到

$$\frac{\mathrm{d}N}{N}=f(x)\mathrm{d}x=\frac{4}{\sqrt{\pi}}x^2\mathrm{e}^{-x^2}\mathrm{d}x$$

当理想气体速率处于 $v_p-0.01v_p \sim v_p+0.01v_p$ 区间，即 x 在 0.99～1.01 内的分子数占总分子数的百分比为

$$\frac{\Delta N}{N}=\frac{4}{\sqrt{\pi}}\mathrm{e}^{-1}\times 0.02\times 100\% =1.66\%$$

5.25 已知温度为 T 的理想气体在重力场中处于平衡状态时的分布函数为

$$f(r,p)=\frac{n_0}{N}\left(\frac{m}{2\pi k_B T}\right)^{3/2}\mathrm{e}^{-\frac{mv2}{2k_BT}-\frac{mgh}{k_BT}}$$

式中，N 为总的分子数；n_0 为地面处的分子数密度；h 为距离地面的高度。

（1）写出分子位置处于 $r \sim r+\mathrm{d}r$ 之间，动量位置处于 $p \sim p+\mathrm{d}p$ 之间的概率。

（2）若单位相空间中的分子数为 n，写出分子位置处于 $r \sim r+\mathrm{d}r$ 之间和动量位置处于 $p \sim p+\mathrm{d}p$ 之间的分子数。

（3）写出分子速度在 $v \sim v+\mathrm{d}v$ 之间的概率。

（4）写出分子在高度 $h \sim h+\mathrm{d}h$ 之间的概率。

【解】

（1）分子位置处于 $r \sim r+\mathrm{d}r$ 之间，动量位置处于 $p \sim p+\mathrm{d}p$ 之间的概率为

$$f(r,p)\mathrm{d}r\mathrm{d}p=\frac{n_0}{N}\left(\frac{m}{2\pi k_B T}\right)^{3/2}\mathrm{e}^{-\frac{mv2}{2k_BT}-\frac{mgh}{k_BT}}\mathrm{d}r\mathrm{d}p$$

（2）分子位置处于 $r \sim r+\mathrm{d}r$ 之间和动量位置处于 $p \sim p+\mathrm{d}p$ 之间的分子数为

$$nf(r,p)\mathrm{d}r\mathrm{d}p=n\frac{n_0}{N}\left(\frac{m}{2\pi k_B T}\right)^{3/2}\mathrm{e}^{-\frac{mv2}{2k_BT}-\frac{mgh}{k_BT}}\mathrm{d}r\mathrm{d}p$$

（3）分子速度在 $v \sim v+\mathrm{d}v$ 之间的概率为

$$f(v)\mathrm{d}v=\left(\frac{m}{2\pi k_B T}\right)^{3/2}\mathrm{e}^{-\frac{mv2}{2k_BT}}\mathrm{d}v$$

（4）分子在高度 $h \sim h+\mathrm{d}h$ 之间的概率为

$$f(r)\mathrm{d}h=\frac{n_0}{N}\left(\frac{m}{2\pi k_B T}\right)^{3/2}\mathrm{e}^{-\frac{mgh}{k_BT}}\mathrm{d}h$$

5.26 一绝热容器被中间的隔板分成相等的两半：一半装有氦气，温度为 250 K；另一半装有氧气，温度为 310 K。二者压强相等。求撤去隔板两种气体混合后的温度。

提示：氦和氧分子均可视为刚性分子。

【解】

设氦气的摩尔数为v_1，氧气的摩尔数为v_2，由已知条件知道$p_1=p_2$，$V_1=V_2$，所以由理想气体状态方程$pV=\nu RT$可以得到

$$v_1T_1=v_2T_2$$

氦气分子的自由度为3，氧气分子的自由度为5，则混合前总的内能为

$$E_0=\frac{3}{2}v_1RT_1+\frac{5}{2}v_2RT_2=\frac{8}{2}v_1RT_1=4v_1RT_1$$

混合后的温度为T，则混合后的总能量可以表示为

$$E=\frac{3}{2}v_1RT+\frac{5}{2}v_2RT=\left(\frac{3}{2}v_1+\frac{5}{2}v_2\right)RT$$

由于混合前后总能量相等$E=E_0$，则

$$\left(\frac{3}{2}v_1+\frac{5}{2}v_2\right)RT=\frac{8}{2}v_1RT_1=4v_1RT_1$$

考虑到

$$v_2=\frac{v_1T_1}{T_2}$$

解得

$$T=284\ \mathrm{K}$$

5.27　0.5 mol氧气的热运动动能的总和为3×10^3 J，求氧气的温度。

提示：氧气分子可看作刚性分子。

【解】

氧气分子的自由度为5，所以由题意可以得到

$$0.5\times\frac{5}{2}RT=3\times10^3$$

$$T=\frac{3\times10^3}{0.5\times2.5\times8.31}=288.8(\mathrm{K})$$

5.28　一体积为V的容器，被抽成真空，然后在器壁上开一面积为S的小孔与大气相通，设大气压强和温度始终保持p_0和T不变，求自开小孔后经过多少时间容器内的压强增至$p_0/3$？

【解】

在$\mathrm{d}t$时间内通过小孔进入容器内的分子数为

$$\mathrm{d}N_1=\frac{1}{4}n_0\,\bar{v}S\mathrm{d}t$$

又因为

$$p_0=n_0k_BT$$

所以

$$\mathrm{d}N_1=\frac{1}{4}\frac{p_0\,\bar{v}\,S}{k_BT}\mathrm{d}t$$

在 $\mathrm{d}t$ 时间内流出容器的分子数为

$$\mathrm{d}N_2 = -\frac{1}{4}n\bar{v}S\mathrm{d}t = -\frac{p\bar{v}S}{4k_BT}\mathrm{d}t$$

在 $\mathrm{d}t$ 时间内进入容器的净分子数为

$$\mathrm{d}N = \mathrm{d}N_1 + \mathrm{d}N_2 = \frac{\bar{v}S}{4k_BT}(p_0 - p)\mathrm{d}t$$

因为

$$p = nk_BT = \frac{Nk_BT}{V},\quad \mathrm{d}p = \frac{k_BT}{N}\mathrm{d}N$$

所以

$$\frac{\mathrm{d}p}{p_0 - p} = \frac{\bar{v}S}{4V}\mathrm{d}t$$

两边积分，得

$$\int_0^{\frac{1}{3}p_0}\frac{\mathrm{d}p}{p_0 - p} = \int_0^t\frac{\bar{v}S}{4V}\mathrm{d}t$$

因此需要时间为

$$t = \frac{4V\ln\frac{3}{2}}{\bar{v}S}$$

5.29 体积为 V 的容器保持恒定的温度 T，容器内的气体通过面积为 A 的小孔缓慢地泄入周围的真空中，试求容器中气体压强降到初始压强的 $1/\mathrm{e}$ 所需的时间。假设容器中的气体为理想气体。

【解】

假设小孔很小，分子从小孔逸出不影响容器内气体分子的平衡分布，容器内的气体分子仍遵循麦克斯韦分布，分子从小孔逸出的过程形成流泻过程。

以 $N(t)$ 表示在时刻 t 容器内的分子数。在 t 到 $t+\mathrm{d}t$ 时间内通过面积为 A 的小孔逸出的分子数为

$$\frac{1}{4}\frac{N(t)}{V}\bar{v}A\mathrm{d}t$$

式中，

$$\bar{v} = \sqrt{\frac{8k_BT}{\pi m}}$$

为容器内气体分子的平均速率。容器温度保持不变，$\bar{v}$ 也就保持不变。因此，在 $\mathrm{d}t$ 时间内容器中分子数的减少量为

$$\mathrm{d}N = -\frac{1}{4}\frac{N(t)}{V}\bar{v}A\mathrm{d}t$$

将上式改写为

$$\frac{\mathrm{d}N}{N}=-\frac{1}{4}\frac{\bar{v}A}{V}\mathrm{d}t$$

积分，得

$$N(t)=N_0\mathrm{e}^{-\frac{\bar{v}A}{4V}t}$$

式中，N_0 为初始时刻容器内的分子数。根据理想气体状态方程 $p=nk_BT$，在 V、T 保持不变的情形下，气体的压强与分子数成正比。所以在时刻 t 气体的压强 $p(t)$ 为

$$p(t)=p_0\mathrm{e}^{-\frac{\bar{v}A}{4V}t}$$

式中，p_0 为初始时刻的压强。当$\frac{\bar{v}A}{4V}t=1$ 时，容器内的压强降到初始时刻的 1/e 所需时间为

$$t=\frac{4V}{\bar{v}A}$$

5.30　一容器盛有稀薄气体，气体体积为 V，压强为 p，分子数密度为 n。容器壁上有一小孔，小孔面积为 A，孔径远远小于气体分子平均自由程，气体通过这一小孔进入真空中。

（1）设具有孔的器壁为 yz 平面，证明通过小孔进入真空之后的气体在 x 方向的速度分布为

$$g(v_x)\mathrm{d}v_x=\frac{m}{k_BT}v_x\exp\left(-\frac{mv_x^2}{2k_BT}\right)\mathrm{d}v_x$$

（2）在进入真空后，气体分子的平均动能是多少？

【证明】

（1）根据碰壁问题的分析，气体在 $t\sim t+\mathrm{d}t$ 时刻通过 $\mathrm{d}A$ 面积小孔进入真空后，速度在 v_x 与 $v_x+\mathrm{d}v_x$ 间的分子数为

$$\begin{aligned}\mathrm{d}N(v_x,v_y,v_z)&=n(t)f(v_x,v_y,v_z)\mathrm{d}v_x\mathrm{d}v_y\mathrm{d}v_z\cdot v_x\mathrm{d}t\mathrm{d}A\\&=n(t)f(v_x)v_x\mathrm{d}v_x\cdot\int_{-\infty}^{+\infty}f(v_y)\mathrm{d}v_y\cdot\int_{-\infty}^{+\infty}f(v_z)\mathrm{d}v_z\cdot\mathrm{d}t\mathrm{d}A\\&=n(t)f(v_x)v_x\mathrm{d}v_x\mathrm{d}t\mathrm{d}A\end{aligned}$$

式中，$f(v_x)$ 为沿 x 方向的麦克斯韦速度分布函数，即

$$f(v_x)=\left(\frac{m}{2\pi k_BT}\right)^{1/2}\exp\left(-\frac{mv_x^2}{2k_BT}\right)$$

气体在通过小孔进入真空后，速度处在 v_x 与 $v_x+\mathrm{d}v_x$ 间的概率为

$$\begin{aligned}g(v_x)\mathrm{d}v_x&=\frac{n(t)f(v_x)v_x\mathrm{d}v_x}{\int_0^{\infty}n(t)f(v_x)v_x\mathrm{d}v_x}\\&=\left(\frac{2\pi m}{k_BT}\right)^{\frac{1}{2}}f(v_x)v_x\mathrm{d}v_x\\&=\frac{m}{k_BT}v_x\exp\left(-\frac{mv_x^2}{2k_BT}\right)\mathrm{d}v_x\end{aligned}$$

证毕。

（2）进入真空后，在 y 和 z 方向仍然遵循麦克斯韦速度分布函数，因此

$$\frac{1}{2}m\overline{v_y^2}=\frac{1}{2}m\overline{v_z^2}=\frac{1}{2}k_BT$$

在 x 方向为

$$\frac{1}{2}m\overline{v_x^2}=\frac{1}{2}m\int_0^{\infty}v_x^2g(v_x)\,\mathrm{d}v_x=k_BT$$

因此，气体分子的平均动能为

$$\bar{\varepsilon}=\frac{1}{2}m(\overline{v_x^2}+\overline{v_y^2}+\overline{v_z^2})=2k_BT$$

5.31 设一个容器被一隔板分成两部分，其气体的压强、分子数密度分别为 p_1、n_1 和 p_2、n_2，温度都是 T，摩尔质量都是 M。如隔板上有一面积为 A 的小孔，如图 5－8 所示。证明气体单位时间通过面积为 A 的小孔的质量为

$$Q_m=\sqrt{\frac{M}{2\pi RT}}A(p_1-p_2)$$

式中，R 为单位质量的气体常数。

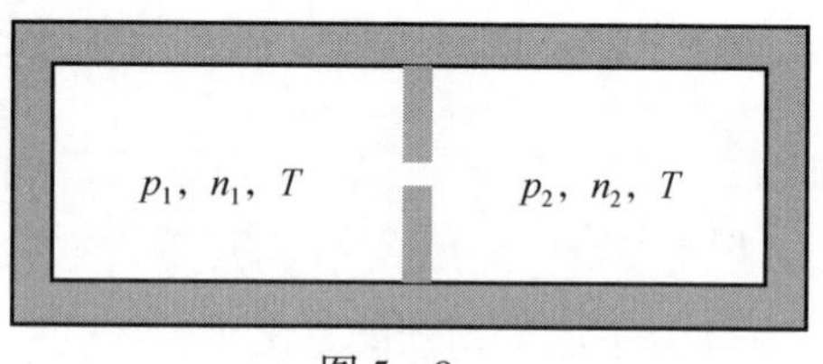

图 5－8

【证明】

根据气体碰壁问题的结论，气体单位时间内从左侧腔室通过面积为 A 的小孔到达右侧腔室的分子数为

$$Q_m^{1\to2}=\frac{1}{4}n_1\bar{v}A\cdot m$$

式中，m 为分子质量，$m=M/N_a$。

同理，气体单位时间内从右侧腔室通过面积为 A 的小孔到达左侧腔室的分子数为

$$Q_m^{2\to1}=\frac{1}{4}n_2\bar{v}A\cdot m$$

因此，气体单位时间内通过面积为 A 的小孔的质量（质量流密度）为

$$Q_m=Q_m^{1\to2}-Q_m^{2\to1}=\frac{1}{4}(n_1-n_2)\bar{v}A\cdot m$$

根据理想气体的状态方程 $n=\frac{p}{k_BT}$，上式可以写为

$$Q_m=\frac{1}{4k_BT}(p_1-p_2)\bar{v}A\cdot m$$

又由于 $\bar{v}=\sqrt{\frac{8k_BT}{\pi m}}$，因此

$$Q_m = \sqrt{\frac{M}{2\pi RT}}A(p_1 - p_2)$$

证毕。

5.32 计算一个氧分子在 300 K 下 v_m、$\bar{v}$ 和 v_{rms} 在 10 000 K 时分别对应的值是多少？

【解】

氧气分子摩尔质量为 32 g/mol，每个氧气分子的质量为

$$m = \frac{32 \times 10^{-3}}{6.023 \times 10^{23}} = 5.313 \times 10^{-26}(\mathrm{kg})$$

$$v_m = \sqrt{\frac{2k_B T}{m}} = \sqrt{\frac{2 \times 1.38 \times 10^{-23} \times 10\ 000}{5.313 \times 10^{-26}}} = \sqrt{2 \times 0.259\ 7 \times 10^7} = 2.28 \times 10^3(\mathrm{m/s})$$

$$\bar{v} = \sqrt{\frac{8k_B T}{\pi m}} = \sqrt{\frac{8 \times 1.38 \times 10^{-23} \times 10\ 000}{\pi \times 5.313 \times 10^{-26}}} = 2.57 \times 10^3(\mathrm{m/s})$$

$$v_{\mathrm{rms}} = \sqrt{\frac{3k_B T}{m}} = \sqrt{\frac{3 \times 1.38 \times 10^{-23} \times 10\ 000}{5.313 \times 10^{-26}}} = \sqrt{3 \times 0.259\ 7 \times 10^7} = 2.79 \times 10^3(\mathrm{m/s})$$

第六章

输运过程的分子动力学基础

一、基本知识点

（一）输运过程的宏观规律

1. 黏滞现象

由于流体各部分宏观流动速度分布的不均匀引起流体相邻部分之间在平行于速度方向的交界面上相互施以力，力的作用使得流动较慢的部分加速，而流动较快的部分减速，这种现象称为流体的黏滞现象。一般的牛顿流体，黏滞力的大小遵循牛顿黏性定律，即

$$f = -\eta \cdot \frac{\mathrm{d}u}{\mathrm{d}z} \cdot S$$

式中，η 为流体的黏度；$\mathrm{d}u/\mathrm{d}z$ 为垂直于流动方向上的流速梯度；S 为相邻流层之间的接触面积。式中的负号表示黏滞力的方向与流速梯度的方向反向。由上式可见黏滞现象的内在驱动力是流速梯度。

2. 扩散现象

由于浓度和密度分布不均匀造成的粒子的定向迁移，迁移的粒子流通量 J_ρ 遵循菲克扩散定律，即

$$J_\rho = -D\frac{\mathrm{d}\rho}{\mathrm{d}z}$$

式中，D 为扩散系数；$\mathrm{d}\rho/\mathrm{d}z$ 为密度或浓度梯度。可见产生扩散的主要原因是存在密度或浓度差。

3. 热传导现象

热传导是由于温度差而引起的热量（能量）传递的一种传递方式。单位时间内通过垂直于热流方向单位面积的热量，热通量 J_Q 与温度梯度有关，即傅里叶导热定律

$$J_Q = -\kappa \cdot \frac{\mathrm{d}T}{\mathrm{d}z}$$

式中，κ 为导热系数或热导率。由上式可知以这种方式进行传热的驱动力是温度梯度。

（二）气体分子的碰撞和平均自由程

1. 平均碰撞频率

单位时间内一个气体分子与其他分子碰撞的平均次数，表示为 $\bar{Z}$ 。

2. 平均自由程

一个分子在连续两次和其他分子碰撞之间的平均迁移路程称为分子的平均自由程，表示为 $\bar{\lambda}$。

3. 平均碰撞频率与平均速率的关系

$$\bar{Z}=\sqrt{2}n\bar{v}\sigma$$

式中，n 为数密度；σ 为碰撞截面。

（三）气体输运现象的微观解释

1. 黏滞现象

$\eta=\frac{1}{3}nm\ \bar{v}\bar{\lambda}=\frac{1}{3}\sqrt{\frac{4\ k_B m}{\pi}}\frac{T^{1/2}}{\sigma}$，与 $T^{\frac{1}{2}}$ 成正比，与压强无关。

2. 热传导现象

$\kappa=\frac{1}{3}\sqrt{\frac{4\ k_B m}{\pi}}c_V\frac{T^{1/2}}{\sigma}$，与 $T^{\frac{1}{2}}$ 成正比，与压强无关。

3. 扩散现象

$D=\frac{1}{3}\bar{v}\bar{\lambda}=\frac{1}{3\sigma}\sqrt{\frac{4k_B^3}{\pi m}}\frac{T^{\frac{3}{2}}}{p}$，与 $T^{\frac{3}{2}}$ 成正比，与压强成反比。

二、主要题型

（一）计算平均自由程和平均碰撞频率

已知碰撞截面和数密度的情况下可利用公式简单计算气体分子的平均自由程和平均碰撞频率。

（二）平均自由程与输运系数之间的估算

利用平均自由程、平均速率等物理量估算气体的输运系数，或者已知输运系数估算平均自由程等微观碰撞参数。

在具体模型中应用 3 个输运方程求解输运系数、输运通量等参数。根据具体问题列出正确的输运方程，并且根据边界条件最终求解问题。这其中明确问题中的温度梯度、浓度梯度或流速梯度是关键。

三、习题

6.1 真空管的真空度为1.33×10^{-3} Pa，设空气分子的有效直径$d=3\times10^{-10}$ m。求在27 ℃时1 m^3真空中的空气分子数及分子平均自由程和碰撞时间。

提示：已知空气的平均摩尔质量$M=29$ g/mol。

【解】

1 m^3真空中的空气分子数为

$$n=\frac{p}{k_BT}=\frac{1.33\times10^{-3}}{1.38\times10^{-23}\times(27+273)}=3.21\times10^{17}$$

分子平均自由程为

$$\bar{\lambda}=\frac{1}{\sqrt{2}\pi d^2n}=\frac{1}{\sqrt{2}\pi\times(3\times10^{-10})^2\times3.21\times10^{17}}=7.79(\mathrm{m})$$

碰撞时间为

$$\tau=\frac{1}{Z}=\frac{\lambda}{\bar{v}}=\frac{1}{\sqrt{\dfrac{8RT}{\pi M}}}\cdot\lambda=\frac{1}{\left(\dfrac{8\times8.31\times300}{\pi\times29\times10^{-3}}\right)^{1/2}}\times7.79=1.66\times10^{-2}(\mathrm{s})$$

式中，Z为碰撞频率。

6.2 某种气体分子在25 ℃时的平均自由程为2.63×10^{-7} m。

(1) 已知分子的有效直径为2.6×10^{-10} m，求气体的压强。

(2) 求分子在1.0 m的路程上与其他分子的碰撞次数。

【解】

(1) 由

$$\bar{\lambda}=\frac{1}{\sqrt{2}\pi d^2n}=\frac{k_BT}{\sqrt{2}\pi d^2p}$$

得到

$$p=\frac{k_BT}{\sqrt{2}\pi d^2\bar{\lambda}}=\frac{1.38\times10^{-23}\times298}{\sqrt{2}\pi\times(2.6\times10^{-10})^2\times2.63\times10^{-7}}=5.21\times10^4(\mathrm{Pa})$$

（2）根据平均自由程的定义，分子平均每行进一个 λ 的路程，便与其他分子碰撞一次。因此，分子在路程 s 上与其他分子的碰撞次数是$\frac{s}{\lambda}$。题中所知 $s=1.0$ m。因此碰撞次数为

$$N=\frac{1.0}{2.63\times10^{-7}}=3.80\times10^{6}$$

6.3　容器中有质量一定的气体，问分子平均自由程 $\bar{\lambda}$ 和平均碰撞频率 $\bar{Z}$（1）在等温过程中如何随气体压强 p 变？

（2）在等压过程中如何随温度 T 变？

（3）在等体过程中如何随温度 T 变？

【解】

当容器中有质量一定的气体，平均自由程 $\bar{\lambda}$ 为

$$\bar{\lambda}=\frac{k_B T}{\sqrt{2}\sigma p}$$

平均碰撞频率 $\bar{Z}$ 为

$$\bar{Z}=\frac{1}{\tau}=\frac{\bar{v}}{\bar{\lambda}}$$

平均速率 $\bar{v}$ 为

$$\bar{v}=\sqrt{\frac{8RT}{\pi M}}$$

平均碰撞频率 $\bar{Z}$ 可以写为

$$\bar{Z}=\frac{1}{\tau}=\frac{\bar{v}}{\bar{\lambda}}=\frac{4\sigma p}{k_B}\sqrt{\frac{R}{\pi MT}}$$

又由理想气体状态方程

$$pV=\frac{m}{M}RT$$

可知平均自由程 $\bar{\lambda}$ 和平均碰撞频率 $\bar{Z}$ 随体积的变化规律。总结如下：

（1）在等温过程中：平均自由程 $\bar{\lambda}$ 与气体压强 p 成反比；平均碰撞频率 $\bar{Z}$ 与气体压强 p 成正比。

（2）在等压过程中：平均自由程 $\bar{\lambda}$ 与绝对温度 T 成正比；平均碰撞频率 $\bar{Z}$ 与绝对温度 $T^{1/2}$ 成反比。

（3）在等体过程中：平均自由程 $\bar{\lambda}$ 不随着绝对温度 T 的变化而变化；平均碰撞频率 $\bar{Z}$ 与绝对温度 $T^{1/2}$ 成正比。

6.4　在室温（$T=300$ K）和大气压条件下，把空气视为是分子量为 29 的双原子

分子，试估算空气的热传导系数。设分子的有效直径 $d=3.5\times10^{-10}$ m。

【解】

由题意，热传导系数为

$$\kappa=\frac{1}{3}nc_{分子}\,\bar{v}\,\bar{\lambda}$$

理想气体的双原子分子数为

$$c_{分子}=\frac{5}{2}k_B$$

平均速率 $\bar{v}$ 为

$$\bar{v}=\sqrt{\frac{8RT}{\pi M}}$$

平均自由程 $\bar{\lambda}$ 为

$$\lambda=\frac{1}{\sqrt{2}\pi d^2n}$$

所以

$$\begin{aligned}\kappa&=\frac{1}{3}n\times\frac{5k_B}{2}\times\sqrt{\frac{8RT}{\pi M}}\times\frac{1}{\sqrt{2}\pi d^2n}\\&=\frac{5k_B}{3\pi d^2}\times\sqrt{\frac{RT}{\pi M}}\\&=\frac{5\times1.38\times10^{-23}}{3\pi\times(3.5\times10^{-10})^2}\times\sqrt{\frac{8.31\times300}{\pi\times29\times10^{-3}}}\\&=9.89\times10^{-3}[\mathrm{W/(m\cdot K)}]\end{aligned}$$

6.5 试验测得氮气在 0 ℃时的导热系数为 0.023 7 W/(m·K)，定容摩尔热容 $C_{V,m}=20.9$ J/(mol·K)。试计算其分子 d 的有效直径。

【解】

气体热传导系数为

$$\kappa=\frac{1}{3}n\bar{v}\bar{\lambda}\frac{C_{V,m}}{N_A}$$

分子热运动平均速率为

$$\bar{v}=\sqrt{\frac{8RT}{\pi M}}$$

平均自由程为

$$\bar{\lambda}=\frac{1}{\sqrt{2}\pi d^2n}$$

结合以上公式，可得

$$\kappa=\frac{1}{3}n\times\frac{C_{V,m}}{N_A}\times\sqrt{\frac{8RT}{\pi M}}\times\frac{1}{\sqrt{2}\pi d^2n}$$

所以

$$d^2=\frac{2C_{V,m}}{3\pi\kappa N_A}\times\sqrt{\frac{RT}{\pi M}}$$

$$=\frac{2\times20.9}{3\pi\times23.7\times10^{-3}\times6.02\times10^{23}}\times\sqrt{\frac{8.31\times273}{\pi\times28.0\times10^{-3}}}$$

$$=4.99\times10^{-20}(\mathrm{m}^2)$$

所以，分子的有效直径为

$$d=2.23\times10^{-10}\ (\mathrm{m})$$

6.6　氮在 54 ℃的黏度为 1.9×10^{-5} N · s/m^{-2}，求氮分子在 54 ℃和压强为 6.66×10^4 Pa时的平均自由程和分子的有效直径。

【解】

黏度系数为

$$\eta=\frac{1}{3}\rho\bar{v}\bar{\lambda}$$

气体密度为

$$\rho=n\frac{M}{N_A}=nm$$

式中，M 为摩尔质量；m 为分子质量。

体积中的分子数为

$$n=\frac{p}{k_BT}$$

分子热运动平均速率为

$$\bar{v}=\sqrt{\frac{8RT}{\pi M}}$$

结合上述各式，可得平均自由程为

$$\bar{\lambda}=\frac{3\eta}{\rho\bar{v}}=\frac{3\eta}{nm\bar{v}}=\frac{3\eta}{p\sqrt{\frac{8M}{\pi RT}}}$$

$$=\frac{3\times1.9\times10^{-5}}{6.66\times10^4}\sqrt{\frac{\pi\times8.31\times327}{8\times28\times10^{-3}}}$$

$$=1.67\times10^{-7}(\mathrm{m})$$

又由平均自由程

$$\bar{\lambda}=\frac{1}{\sqrt{2}\pi d^2n}=\frac{k_BT}{\sqrt{2}\pi d^2p}$$

可得

$$d^2=\frac{k_BT}{\sqrt{2}\pi p\bar{\lambda}}=\frac{1.38\times10^{-23}\times327}{\sqrt{2}\pi\times6.66\times10^4\times1.67\times10^{-7}}=9.13\times10^{-20}(\mathrm{m}^2)$$

所以，分子的有效直径为

$$d = 3.02 \times 10^{-10}\ (\text{m})$$

6.7 氧在标准状态下的扩散系数为 $1.9 \times 10^{-5}\ \text{m}^2/\text{s}$。试求氧分子的平均自由程。

【解】

由

$$D = \frac{1}{3}\bar{v} \cdot \bar{\lambda} = \frac{1}{3}\sqrt{\frac{8RT}{\pi M}} \cdot \bar{\lambda}$$

可得

$$\begin{aligned}\bar{\lambda} &= 3D \cdot \sqrt{\frac{\pi M}{8RT}} \\ &= 3 \times 1.9 \times 10^{-5} \times \sqrt{\frac{\pi \times 32 \times 10^{-3}}{8 \times 8.31 \times 273}} \\ &= 1.34 \times 10^{-7}(\text{m})\end{aligned}$$

6.8 一定量气体先经过等体过程使其温度升高一倍，再经过等温过程使其体积膨胀为原来的 2 倍。问：后来的平均自由程 $\bar{\lambda}$、黏滞系数 η、导热系数 κ、扩散系数 D 各为原来的多少倍？

【解】

根据理想气体状态方程，气体经历了等体过程和等温过程中的状态参数为

$$(p_0, V_0, T_0) \rightarrow (2p_0, V_0, 2T_0) \rightarrow (p_0, 2V_0, 2T_0)$$

平均自由程 $\bar{\lambda}$ 为

$$\bar{\lambda} = \frac{k_B T}{\sqrt{2}\sigma p}$$

因此，平均自由程增大为原来的 2 倍。

黏滞系数 η 为

$$\eta = \frac{2}{3}\sqrt{\frac{mk_B}{\pi}} \cdot \frac{T^{1/2}}{\sigma}$$

因此，黏滞系数增大为原来的$\sqrt{2}$倍。

导热系数 κ 为

$$\kappa = \frac{2}{3} \cdot c_{分子}\sqrt{\frac{k_B}{\pi m}} \cdot \frac{T^{1/2}}{\sigma}$$

因此，导热系数增大为原来的$\sqrt{2}$倍。

扩散系数 D 为

$$D = \frac{2}{3}\sqrt{\frac{k_B^3}{\pi m}} \cdot \frac{T^{3/2}}{\sigma p}$$

因此，扩散系数增大为原来的 $2\sqrt{2}$倍。

6.9 设铜的导热系数是铝的2倍、是黄铜的4倍。今有3个金属圆杆，分别由铜、铝和黄铜制成，每个长为6.0 cm，直径为1.0 cm。3个金属圆杆头对头地放成一条直线，接头处温度连续，铝杆在中央，如图6-1所示。铜杆和黄铜杆自由端的温度分别为100 ℃、0 ℃。找出铜-铝连接点和铝-黄铜连接点的平衡温度。设杆的侧面与外界交换热量可忽略不计。

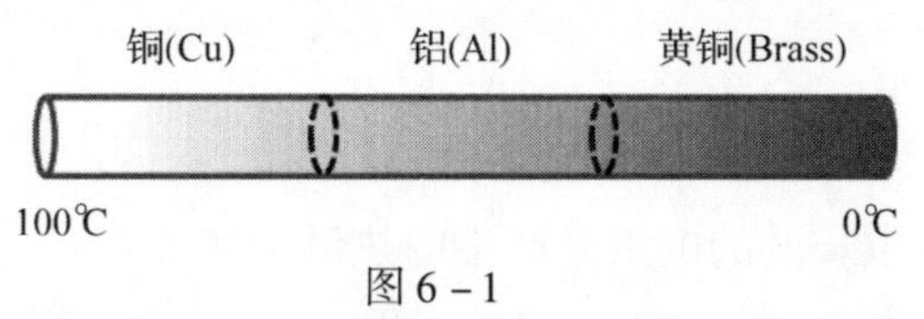

图6-1

【解】

设铜的导热系数为 κ_{Cu}，铝的导热系数为 κ_{Al}，黄铜的导热系数为 κ_{Brass}。根据题意设：

$$\kappa_{Cu} : \kappa_{Al} = 2 : 1,\ \kappa_{Cu} : \kappa_{Brass} = 4 : 1$$

沿着长度方向建立 z 轴，以铜自由端设 $z=0$。进一步设铜-铝接口处的温度为 T_1，铝-黄铜接口处的温度为 T_2。由于通过整个金属杆的热流

$$J = -\kappa \left(\frac{\mathrm{d}T}{\mathrm{d}z}\right)_{z0} \tag{1}$$

处处相等，则有

$$\kappa_{Cu} \times \left(\frac{T_1 - 100}{6-0}\right) = \kappa_{Al} \times \left(\frac{T_2 - T_1}{12-6}\right) = \kappa_{Brass} \times \left(\frac{0 - T_2}{18-12}\right) \tag{2}$$

由式（2）可得

$$T_2 = \frac{2}{3} T_1 \tag{3}$$

代入式（3）求得

$$T_1 = 85.7\ ℃,\ T_2 = 57.1\ ℃$$

因此，铜-铝连接点和铝-黄铜连接点的平衡温度分别为85.7 ℃和57.1 ℃。

6.10 利用共轴圆筒法测氮气的热导率，两圆筒内外半径分别为 $r_1 = 0.5$ cm 和 $r_2 = 0.2$ cm，如图6-2所示。在两圆筒之间注入氮气. 在内筒的筒壁上绕上电阻丝加热。已知内筒每米长度上所绕电阻丝的电阻 $R = 0.1\ \Omega$，加热电流 $I = 1.0$ A，外筒保持恒温 $T_2 = 273$ K。过程稳定后内筒的温度 $T_1 = 366$ K。求 κ 的数值。

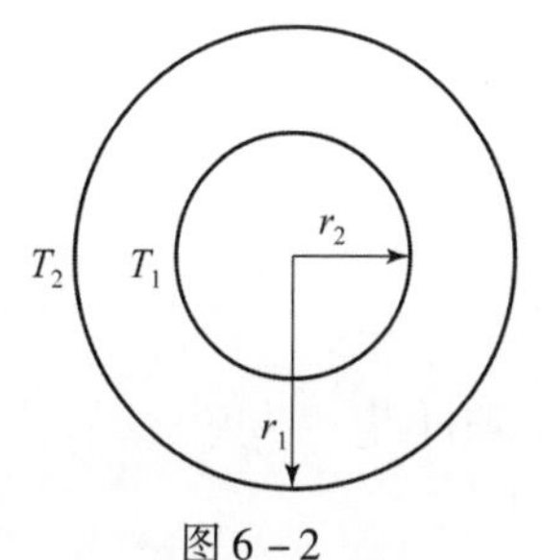

图6-2

【解】

由热传导的傅里叶定律可知单位时间单位长度上由内筒通过氮气传到外筒的热量为

$$Q = -\kappa \left(\frac{\mathrm{d}T}{\mathrm{d}r}\right) \cdot 2\pi r$$

整理得到

$$\frac{Q}{2\pi\kappa}\frac{\mathrm{d}r}{r}=-\mathrm{d}T$$

两边同时积分得到

$$\frac{Q}{2\pi\kappa}\ln\frac{r_1}{r_2}=T_1-T_2$$

即

$$\kappa=\frac{Q\ln(r_1/r_2)}{2\pi(T_1-T_2)}$$

又因为单位时间单位长度的电阻丝产生的热量为

$$Q=I^2R$$

可得热导率为

$$\kappa=\frac{Q\ln(r_1/r_2)}{2\pi(T_1-T_2)}=\frac{I^2R\ln(r_1/r_2)}{2\pi(T_1-T_2)}=1.57\times10^{-4}[\mathrm{W/(m\cdot K)}]$$

6.11 证明：在两个共轴圆筒间物质的径向热流速率为

$$\frac{\Delta Q}{\Delta t}=\frac{(T_1-T_2)2\pi L\kappa}{\ln(r_2/r_1)}$$

式中，r_1 为内圆筒半径；T_1 为内圆筒温度；r_2 为外圆筒半径；T_2 为外圆筒温度；L 为圆筒长度；κ 为该物质的导热系数。

【证明】

以两圆筒共轴处设为原点，由热传导定律知 Δt 时间内流过以 $r(r_1<r<r_2)$ 为半径的圆筒截面的热量为

$$\Delta Q=-\kappa\frac{\mathrm{d}T}{\mathrm{d}r}\cdot2\pi rL\cdot\Delta t$$

即

$$\frac{\Delta Q}{2\pi\kappa L\Delta t}\frac{\mathrm{d}r}{r}=-\mathrm{d}T$$

将上式在 r_1 到 r_2 区间两端积分可得

$$\int_{r_1}^{r_2}\frac{\Delta Q}{2\pi\kappa L\Delta t}\frac{\mathrm{d}r}{r}=-\int_{T_1}^{T_2}\mathrm{d}T$$

所以

$$\frac{\Delta Q}{2\pi\kappa L\Delta t}\ln\frac{r_2}{r_1}=T_1-T_2$$

整理可得

$$\frac{\Delta Q}{\Delta t}=\frac{(T_1-T_2)2\pi L\kappa}{\ln(r_2/r_1)}$$

证毕。

6.12 一外半径为 R_1 的热蒸气管，包有一层外半径为 R_2 的不良导热材料，不良导热层内外的温度各为 T_1 和 T_2，热量由径向穿过此导热层外流。问：在什么地方温度正好为

$$T=\frac{1}{2}(T_1+T_2)$$

【解】

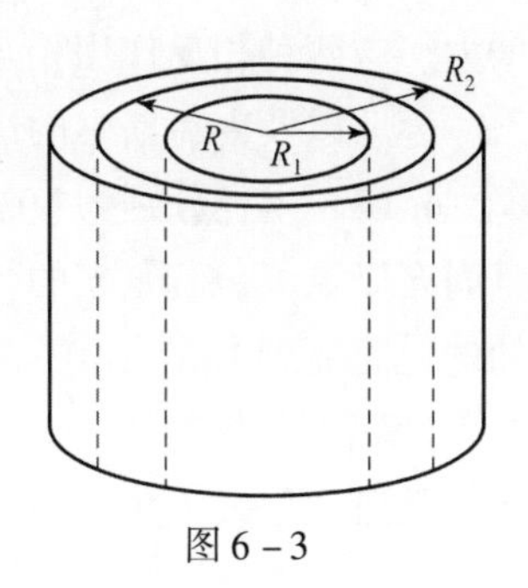

图 6 - 3

如图 6 - 3 所示，设在 R 处的温度正好为 T。由题意可知，单位时间内沿径向流过单位长度的以 $R(R_1 < R < R_2)$ 为半径的圆筒截面导热层的热量为

$$\Delta Q = -\kappa \frac{\mathrm{d}T}{\mathrm{d}R} \cdot 2\pi R$$

式中，κ 为导热系数，即

$$\frac{\Delta Q}{2\pi\kappa}\frac{\mathrm{d}R}{R} = -\mathrm{d}T$$

将上式在 R_1 到 R_2 区间以及 R_1 到 R 两端积分，得

$$\begin{cases} \int_{R_1}^{R_2} \frac{\Delta Q}{2\pi\kappa}\frac{\mathrm{d}R}{R} = -\int_{T_1}^{T_2} \mathrm{d}T \\ \int_{R_1}^{R} \frac{\Delta Q}{2\pi\kappa}\frac{\mathrm{d}R}{R} = -\int_{T_1}^{T} \mathrm{d}T \end{cases}$$

所以

$$\begin{cases} \frac{\Delta Q}{2\pi\kappa}\ln\frac{R_2}{R_1} = T_1 - T_2 \\ \frac{\Delta Q}{2\pi\kappa}\ln\frac{R}{R_1} = T_1 - T = \frac{T_1 - T_2}{2} \end{cases}$$

可求得

$$R = \sqrt{R_1 R_2}$$

因此，在距离热蒸气管中心的 $R = \sqrt{R_1 R_2}$ 处，温度为 $T = \frac{1}{2}(T_1 + T_2)$。

6.13　试讨论气体的热传导系数 κ 和黏滞系数 η 在一定温度下为何与气体压强无关。

【解】

热传导系数为

$$\kappa = \frac{2}{3} \cdot c_{\text{分子}}\sqrt{\frac{k_B}{\pi m}} \cdot \frac{T^{1/2}}{\sigma}$$

由上式可得 κ 与压强无关。可以这样理解：温度一定时降低压强，分子数密度 n 减小。虽然使通过 $\mathrm{d}S$ 面两边的分子对数量减少了，但也使 $\mathrm{d}S$ 面两边的分子能够从相距更远的气层无碰撞地通过 $\mathrm{d}S$ 面（因 $\bar{\lambda} \propto 1/n$）。因而每交换一对分子，所输运的能量增大。由于存在这两种相反作用的相互抵消，总的效果造成 κ 与压强无关。

黏滞系数为

$$\eta = \frac{2}{3}\sqrt{\frac{mk_B}{\pi}} \cdot \frac{T^{1/2}}{\sigma}$$

由上式可得 η 与压强无关。可以这样理解：温度一定时降低压强，分子数密度 n 减小。虽然使通过 $\mathrm{d}S$ 面两边的分子对数量减少了，但也使 $\mathrm{d}S$ 面两边的分子能够从相距更远的气层无碰撞地通过 $\mathrm{d}S$ 面（因 $\bar{\lambda} \propto 1/n$）。因而每交换一对分子，所输运的动量增大。这两种相反作用相互抵消，总的效果造成 η 与压强无关。

迈耶以及麦克斯韦的试验都表明，在很大范围内动量的输运与气体的压强无关。

6.14 半径分别为 10.0 cm 和 10.5 cm 的两个同轴圆筒，长为 100 cm，套在一起，其间充以氢气。若氢气的黏滞系数 $\eta = 8.8\times10^{-5}$ Pa·s。问外筒转速多大时，才能使不动的内筒受到 1.07×10^{-3} N 的作用力？

【解】

黏滞力公式为

$$F = -\eta\frac{\mathrm{d}u}{\mathrm{d}z}\mathrm{d}S$$

由于内外筒靠得很近，间距 $\delta = 10.5 - 10 = 0.5\times10^{-2}$ (m)，相比筒径 $R = 10$ cm $= 0.1$ m很小，所以在转速为 ω 时

$$\frac{\mathrm{d}u}{\mathrm{d}z} = \frac{\omega(R+\delta)}{\delta} \approx \frac{\omega R}{\delta},\quad \mathrm{d}S = 2\pi RL$$

代入黏滞力公式，得

$$F = -\eta\frac{\mathrm{d}u}{\mathrm{d}z}\mathrm{d}S = -\eta\frac{\omega R}{\delta}\cdot 2\pi RL$$

所以

$$|\omega| = \frac{F\delta}{2\pi R^2 L\eta} = \frac{1.07\times10^{-3}\times0.5\times10^{-2}}{2\times3.142\times0.01\times1\times8.8\times10^{-5}} = 0.97\ (\mathrm{s}^{-1})$$

6.15 已知氦气和氩气的相对原子质量分别为 4 和 40，它们在标准状态下的黏滞系数分别为 $\eta_{\mathrm{He}} = 1.89\times10^{-5}$ kg/(m·s) 和 $\eta_{\mathrm{Ar}} = 2.08\times10^{-5}$ kg/(m·s)，求：

（1）氩分子与氦分子的碰撞截面之比 $\sigma_{\mathrm{Ar}}/\sigma_{\mathrm{He}}$。

（2）氩气与氦气的导热系数之比 $\kappa_{\mathrm{Ar}}/\kappa_{\mathrm{He}}$。

（3）氩气与氦气的扩散系数之比 $D_{\mathrm{Ar}}/D_{\mathrm{He}}$。

【解】

（1）黏滞系数为

$$\eta = \frac{2}{3}\sqrt{\frac{mk_B}{\pi}}\cdot\frac{T^{1/2}}{\sigma}$$

所以

$$\sigma = \frac{2}{3}\sqrt{\frac{Mk_BT}{N_A\pi}}\cdot\frac{1}{\eta}$$

所以，在相同温度下

$$\frac{\sigma_{\mathrm{Ar}}}{\sigma_{\mathrm{He}}} = \frac{\eta_{\mathrm{He}}}{\eta_{\mathrm{Ar}}}\sqrt{\frac{M_{\mathrm{Ar}}}{M_{\mathrm{He}}}} = \frac{1.89\times10^{-5}}{2.08\times10^{-5}}\times\sqrt{\frac{40}{4}} = 2.87$$

（2）导热系数为

$$\kappa = \frac{1}{3}n\bar{v}\bar{\lambda}c_{\text{分子}} = \eta\frac{c_{\text{分子}}}{M}$$

氩气和氦气都是单原子分子气体，它们的定容摩尔热容相同，所以

$$\frac{\kappa_{\mathrm{Ar}}}{\kappa_{\mathrm{He}}}=\frac{\eta_{\mathrm{Ar}}}{\eta_{\mathrm{He}}}\cdot\frac{M_{\mathrm{He}}}{M_{\mathrm{Ar}}}=\frac{2.08\times10^{-5}}{1.89\times10^{-5}}\times\frac{4}{40}=0.11$$

（3）扩散系数为

$$D=\frac{1}{3}\bar{v}\bar{\lambda}=\eta\frac{1}{nM}=\eta\frac{k_BT}{pM}$$

由于氦气和氩气同处标准状态下，则有

$$\frac{D_{\mathrm{Ar}}}{D_{\mathrm{He}}}=\frac{\eta_{\mathrm{Ar}}}{\eta_{\mathrm{He}}}\cdot\frac{M_{\mathrm{He}}}{M_{\mathrm{Ar}}}=\frac{2.08\times10^{-5}}{1.89\times10^{-5}}\times\frac{4}{40}=0.11$$

6.16　热水瓶内胆的两壁间相距 $L=0.4$ cm，其间充满温度 $T=27$ ℃的氮气，氮分子的有效直径 $d=3.1\times10^{-10}$ cm。问：内胆两壁间的压强降低到多大数值以下时，氮的导热系数才会比它在大气压下的数值小？

【解】

导热系数为

$$\kappa=\frac{1}{3}nc_{分子}\bar{v}\bar{\lambda}=\frac{2}{3}c_{分子}\sqrt{\frac{k_B}{\pi m}}\frac{T^{1/2}}{\sigma}$$

导热系数与压强无关。然而在抽真空的容器中当压强降到一定程度时，分子间的碰撞频率小于分子的碰壁频率。此时，分子的平均自由程 $\bar{\lambda}$ 可近似为容器的线度，即

$$\bar{\lambda}=\frac{k_BT}{\sqrt{2}\pi d^2p}=L$$

当真空度进一步提高时，

$$\kappa=\frac{1}{3}nc_{分子}\bar{v}L=\frac{2}{3}c_{分子}L\sqrt{\frac{8}{\pi mk_BT}}p$$

所以，导热系数 κ 随压强 p 减小而降低。临界压强 p_c 为

$$p_c=\frac{k_BT}{\sqrt{2}\pi d^2L}$$

$$=\frac{1.38\times10^{-23}\times(273+27)}{\sqrt{2}\times\pi\times(3.1\times10^{-10})^2\times4\times10^{-3}}=2.42(\mathrm{Pa})$$

即当压强降至 2.42 Pa 以下时，导热系数随压强的降低、真空度的提高而降低，开始小于大气压下的数值。

第七章

物态与相变

一、基本知识点

（一）晶体的结构

简单立方、面心立方、体心立方和密排六方 4 种结构的原子排列特征和密排程度。

（二）液体的表面性质

1. 液体的表面张力与表面能

沿着液体表面作用于表面层单位长度上的力称为表面张力，$\gamma = F/L$；表面能是指在温度、压力和组成恒定时，可逆地扩展液体表面积，环境对系统所做的表面功与增加的表面积成正比，$\delta W = -\gamma \mathrm{d}A$，式中，$\gamma$ 为表面能系数。液体的表面张力和表面能数值相同，量纲相同，但物理意义不同，它们是从不同的角度来反映系统的表面特征。

2. 曲面的表面附加压

由于表面张力的存在造成了曲液面两侧出现压强差，以球形凸液面为例，该压强差 $\Delta p = \dfrac{2\gamma}{R}$，即拉普拉斯公式，$R$ 是球面对应的曲率半径。当弯曲液面为凸面时，$R > 0$，$\Delta p > 0$，即凸面下液体所受到的压力比平面下要大；当液面为凹面时，$R < 0$，$\Delta p < 0$，即凹面下液体所受到的压力比平面下要小。

（三）相变

1. 两相平衡的热力学条件

热平衡条件（$T_\alpha = T_\beta$）、力学平衡条件（$p_\alpha = p_\beta$）和相变平衡条件（$\mu_\alpha = \mu_\beta$，μ 为化学势）。

2. 克拉珀龙方程

在 $p-T$ 相图中，两相共存线的斜率可以表示为

$$\frac{\mathrm{d}p}{\mathrm{d}T} = \frac{L}{T(V_\beta - V_\alpha)}$$

式中，L 为相变潜热；V 为比体积。

3. 范德瓦尔斯气体相变

范德瓦尔斯气体相变中的等温线特征和临界现象。

二、主要题型

(一) 表面张力做功

气泡生长问题。要注意区分大气中的气泡和水中的气泡。水中的气泡只有一个凹液面，气泡内部的压强要小于外部压强 $2\gamma/R$。大气中的气泡外表面是凸表面，内表面是凹表面，因此气泡内外压差应为 $4\gamma/R$。同时，利用理想气体状态方程可求解相关问题。

(二) 计算毛细管问题

根据液体与毛细管之间的润湿角计算毛细管中液面下的压强。

(三) 两相平衡时气相的有关性质计算

利用克拉珀龙方程计算两相平衡时气相的一些性质以及相变中的能量等的变化。

(四) 临界点处的温度和压强计算

根据气体状态方程，求解等温上的临界点，计算临界点处的温度和压强。

三、习题

7.1　立方晶格的晶格常数为 a，求体心立方和面心立方的以下数据：

(1) 原胞体积；

(2) 原胞结点数；

(3) 最邻近结点间距离；

(4) 最邻近结点的数目。

【解】

在体心立方中：

(1) 体心立方晶胞的体积为 a^3。

(2) 体心立方晶胞每一顶角上的结点都属于 8 个晶胞所共有，原胞共有 8 个顶角及 1 个体心结点，故原胞结点数为

$$\frac{1}{8}\times 8+1=2$$

(3) 最邻近的结点也就是顶点与相邻的体心，如图 7-1 所示，在 AC 连线中点上有一体心，故最邻近的距离 d 就是直角三角形 ABC 斜边的一半，即

$$d=\frac{1}{2}\times\sqrt{a^2+(\sqrt{2}a)^2}=\frac{\sqrt{3}}{2}a$$

（4）原胞任一顶角上结点的最邻近的结点是8个体心结点；任一体心的最邻近结点是8个顶角上的结点，所以，最邻近结点的数目是8。

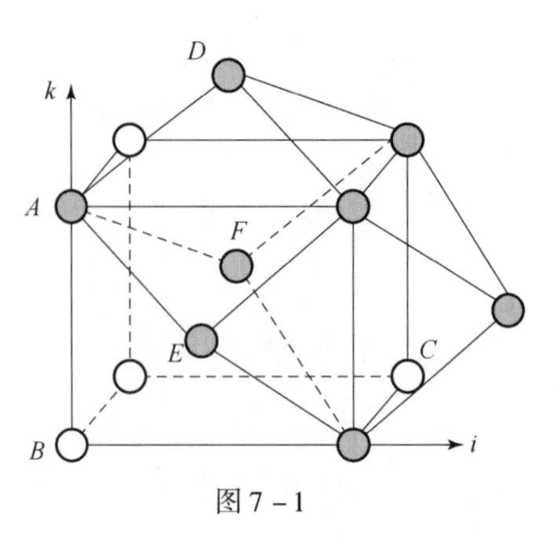

图7-1

在面心立方中：

（1）面心立方晶胞的体积为$\frac{1}{4}a^3$。

（2）面心立方晶胞共有8个顶角，每一顶角上的结点都属于8个晶胞所共有；面心6个，每个结点属于两个晶胞所共有，故结点数为

$$\frac{1}{2}\times 6+\frac{1}{8}\times 8=4$$

（3）最邻近结点间距离也就是相邻面心的距离$d=(\sqrt{2}/2)a$。

（4）任一面心具有4个最邻近顶角结点和8个最邻近面心结点，所以，最邻近结点的数目是12。

7.2 一直径等于1.0×10^{-5} m的球形泡，刚处于水面下。如果水面上的气压为1.0×10^{-5} Pa，求泡内压强。已知水的表面张力系数$\sigma=7.3\times10^{-2}$ N/m。

【解】

球形泡的附加压强大小为

$$p=2\sigma/R$$

由于气泡刚处于水面下，所以泡外液体的压强等于大气压。

因此泡内压强为

$$\begin{aligned}p&=p_0+\frac{2\sigma}{R}\\&=1.0\times10^5+\frac{2\times7.3\times10^{-2}}{\frac{1}{2}\times1.0\times10^{-5}}\\&=1.3\times10^5(\text{Pa})\end{aligned}$$

7.3 一半径为1.0×10^{-5} m的球形泡，在压强为1.0×10^5 Pa的大气中吹成。如果膜的表面张力系数$\sigma=5.0\times10^{-2}$ N/m，问：周围大气压强多大时才可使气泡的半径增为2.0×10^{-5} m？设增大过程在等温条件下进行。

【解】

在等温情况下，密闭容器中的定量稀薄气体满足玻意耳定律——压强和体积成反比。本题中球形泡中的气体符合这一定律。另外，本题中球形泡类似肥皂泡情形，有两个表面，计算时注意内外压强差为$4\sigma/R$。

在气压$p_0=1.0\times10^5$ Pa时，泡的半径$R_1=1.0\times10^{-5}$m，泡内压强$p=p_0+\frac{4\sigma}{R_1}$；设

在气压为 p_0' 时，泡的半径 $R_2=2.0\times10^{-5}$ m，此时泡内压强 $p'=p_0'+\dfrac{4\sigma}{R_2}$。按照玻意耳定律，有 $pV_1=p'V_2$，即

$$\left(p_0+\frac{4\sigma}{R_1}\right)\cdot R_1^3=\left(p_0'+\frac{4\sigma}{R_2}\right)\cdot R_2^3$$

所以

$$\begin{aligned}p_0' &=\left(p_0+\frac{4\sigma}{R_1}\right)\cdot\left(\frac{R_1}{R_2}\right)^3-\frac{4\sigma}{R_2}\\ &=\left(1.0\times10^5+\frac{4\times5.0\times10^{-2}}{1.0\times10^{-5}}\right)\times\left(\frac{1.0\times10^{-5}}{2.0\times10^{-5}}\right)^3-\frac{4\times5.0\times10^{-2}}{2.0\times10^{-5}}\\ &=5.0\times10^3(\text{Pa})\end{aligned}$$

7.4　在图7-2所示的U形管中注入水。设半径较小的毛细管A的内径 $r=5.0\times10^{-5}$ m，半径较大的毛细管B的内径 $R=2.0\times10^{-4}$ m。求两管水面的高度差 h。已知水的表面张力系数 $\sigma=7.3\times10^{-2}$ N/m。

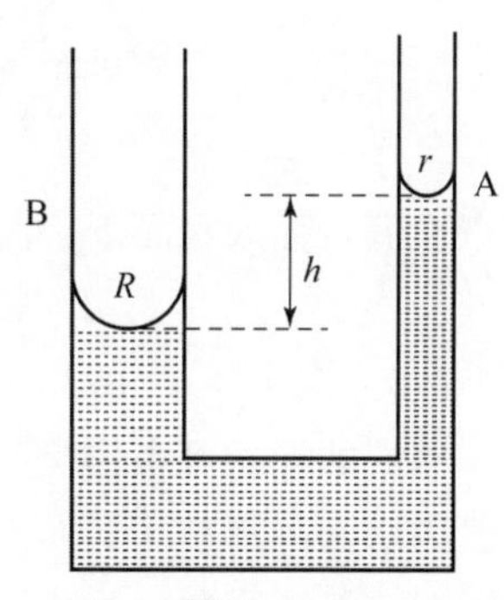

图7-2

【解】

水与空气界面为凹液面，附加压强为负值。可以认为水完全润湿玻璃，则接触角为0。凹面半径与毛细管半径相等。B管液面处压强等于A管液面处压强加上高度差 h 的水的压强。在液体中靠近两管凹液面处的压强分别为

$$p_A=p_0-\frac{2\sigma}{r};\ p_B=p_0-\frac{2\sigma}{R} \tag{1}$$

并且有

$$p_B=p_A+\rho gh \tag{2}$$

联立式（1）、式（2）可得

$$\frac{2\sigma}{r}-\frac{2\sigma}{R}=\rho gh$$

所以

$$\begin{aligned}h &=\frac{2\sigma}{\rho g}\left(\frac{1}{r}-\frac{1}{R}\right)\\ &=\frac{2\times7.3\times10^{-2}}{10^3\times9.8}\times\left(\frac{1}{5.0\times10^{-5}}-\frac{1}{2.0\times10^{-4}}\right)=0.22(\text{m})\end{aligned}$$

7.5　玻璃管的内直径 $d=2.0\times10^{-5}$ m，长度 $l=0.20$ m。垂直插入水中，玻璃管的上端是封闭的。问：玻璃管插入水面下的那一段的长度应为多少时，才能使管内外水面一样高？已知大气压 1.0×10^5 Pa，水的表面张力系数 $\sigma=7.3\times10^{-2}$ N/m，水与玻璃的接触角 $\theta=0$。

【解】

以管内空气为研究对象，初始压强等于大气压，长度为 l。玻璃管插入水中后气体压缩，体积减小，但是压强增大。

设水面上空气管长度为 h 时，玻璃管内外水面一样高。此时，紧邻水面下的压强

$$p_0 = p - \frac{2\sigma}{R}$$

式中，p_0 为大气压强。

接触角为0，所以

$$R = \frac{r}{\cos\theta} = \frac{d}{2}$$

整个过程可看作等温过程，有

$$p_0 l = ph = \left(p_0 + \frac{4\sigma}{d}\right)h$$

代入数据，解得

$$h = \frac{p_0 l}{p_0 + \frac{4\sigma}{d}} = \frac{10\times10^5\times0.2}{10\times10^5 + \frac{4\times7.3\times10^{-2}}{2.0\times10^{-5}}} = 0.175(\mathrm{m})$$

所以玻璃管插入水面下一段的长度为

$$l - h = 0.2\ \mathrm{m} - 0.175\ \mathrm{m} = 0.025\ \mathrm{m} = 2.5\ \mathrm{cm}$$

7.6 内半径 $r=0.30$ mm 的毛细管中有水。在下面管口外，水面的形状可当作是半径 $R=3.0$ mm 的球面的一部分。在管内水面的形状可近似当作是半径为 r 的球面，A、B、C（中点）、D（恰在水面内）、E（恰在水面外）如图7-3所示。已知水的表面张力系数 $\sigma=7.3\times10^{-2}$ N/m，管内水面与管壁的接触角 $\theta=0°$，求：

（1）水柱的长度 h。

（2）A、B、C、D 和 E 各点的压强。

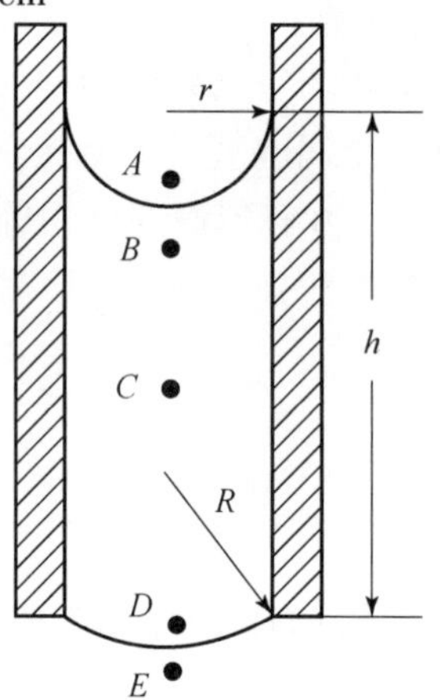

图7-3

【解】

（1）如图7-3所示，A 点和 E 点的压强都是大气压强 p_0，根据拉普拉斯公式可以分别写出 B 点和 D 点的压强

$$p_B = p_A - \frac{2\sigma}{r} = p_0 - \frac{2\sigma}{r} \tag{1}$$

$$p_D = p_E + \frac{2\sigma}{R} = p_0 + \frac{2\sigma}{R} \tag{2}$$

同时

$$p_D = p_B + \rho g h \tag{3}$$

因此

$$p_D = p_0 - \frac{2\sigma}{r} + \rho g h \tag{4}$$

联立式（2）和式（4），可得

$$p_0 - \frac{2\sigma}{r} + \rho g h = p_0 + \frac{2\sigma}{R} \tag{5}$$

所以

$$h=\frac{2\sigma}{\rho g}\left(\frac{1}{r}+\frac{1}{R}\right) \tag{6}$$

将 $\sigma=7.3\times10^{-2}$ N/m，$r=0.3$ mm，$R=3.0$ mm 代入式（6），解得

$$h=5.5\ (\mathrm{cm})$$

（2）根据（1）中分析，可知

$$p_A=p_E=p_0=1.01\times10^5\ (\mathrm{Pa})$$

$$p_B=p_0-\frac{2\sigma}{r}=1.005\times10^5\ (\mathrm{Pa})$$

$$p_C=p_B+\frac{1}{2}\rho gh=1.008\times10^5\ (\mathrm{Pa})$$

$$p_D=p_0+\frac{2\sigma}{R}=1.0105\times10^5\ (\mathrm{Pa})$$

7.7　落滴法近似测量液体表面张力的原理：假设可以保持在管下端不落下的最大液滴的重量等于管口一圆周上的表面张力，即

$$mg=2\pi r\sigma$$

式中，m 为液滴的质量；r 为管口的半径；σ 为液体的表面张力系数。现已知 318 个液滴的质量是 5.0 g，管口内半径为 0.35 mm。求该液体的表面张力系数。

【解】

根据题目所给的近似测量液体表面张力的方法，可以得到下面的方程式：

$$mg=2\pi r\sigma$$

代入数据，即

$$mg=\frac{5.0\times10^{-3}}{318}\times9.8=0.154\times10^{-3}(\mathrm{N})$$

$$r=0.35\ \mathrm{mm}=0.35\times10^{-3}\ \mathrm{m}$$

所以

$$\sigma=\frac{mg}{2\pi r}=\frac{0.154\times10^{-3}}{2\times3.142\times0.35\times10^{-3}}=0.07(\mathrm{N/m})$$

7.8　质量 $m=0.027$ kg 的气体占有体积为 $1.0\times10^{-3}\ \mathrm{m^3}$，温度为 300 K。已知在此温度下两相共存处液体的密度 $\rho_l=1.8\times10^3\ \mathrm{kg/m^3}$，饱和蒸气的密度 $\rho_g=4.0\ \mathrm{kg/m^3}$。设用等温压缩的方法可将此气体全部压缩成液体，问：

（1）在什么体积时开始液化？

（2）在什么体积时液化终了？

（3）当液相、气相两相混合体积为 $1.0\times10^{-3}\ \mathrm{m^3}$ 时，液相、气相各占多大体积？

【解】

（1）通过压缩把 $m=0.027$ kg 气体变成 300 K 下的饱和蒸气时，液化开始。此时饱和蒸气所占体积为

$$V_g=\frac{m}{\rho_g}=\frac{0.027}{4.0}=6.75\times10^{-3}(\mathrm{m^3})$$

（2）当 $m=0.027$ kg 的饱和气体在 300 K 下全部变成液体时，液化结束。此时液体所占体积为

$$V_l=\frac{m}{\rho_l}=\frac{0.027}{1.8\times10^3}=1.5\times10^{-5}(\mathrm{m}^3)$$

（3）平衡两相总的体积应该等于系统为饱和单相时的体积质量百分比乘积之和。设两相混合系统中液相、气相质量占全部质量 m 的比例分别为 x 和 $(1-x)$，总体积为

$$V=V_lx+V_g(1-x)$$

则有

$$x=\frac{V_g-V}{V_g-V_l}=\frac{\frac{m}{\rho_g}-V}{\frac{m}{\rho_g}-\frac{m}{\rho_l}}$$

式中，V_l 为气体全部液化时的体积；V_g 为刚液化时饱和蒸气的体积。则两相平衡时，液相体积为

$$V_{液}=V_lx=\frac{m}{\rho_l}\cdot\frac{\frac{m}{\rho_g}-V}{\frac{m}{\rho_g}-\frac{m}{\rho_l}}=\frac{m-\rho_gV}{\rho_l-\rho_g}$$

代入数据，得

$$V_{液}=\frac{0.027-1.0\times10^{-3}\times4.0}{1.8\times10^3-4}=1.28\times10^{-5}(\mathrm{m}^3)$$

气相所占体积为

$$V_{气}=V-V_{液}=1.0\times10^{-3}-1.28\times10^{-5}=9.87\times10^{-4}(\mathrm{m}^3)$$

7.9 试由液体及其饱和蒸气所组成的系统的循环过程推导克劳修斯－克拉珀龙方程：

$$\frac{\mathrm{d}p}{\mathrm{d}T}=\frac{l}{T(V_{气}-V_{液})}$$

式中，p 为饱和蒸气压；T 为系统温度；l 为汽化热；$V_{气}$ 和 $V_{液}$ 分别为饱和蒸气和液体的比体积。

【解】

将液体及其饱和蒸气所组成的系统视为一个热机，并进行 $ABCDA$ 微循环，如图 7－4 所示。在压强 p 和温度 T 时，质量为 m 的物质由液相转变为气相，在 $p-V$ 图上为 AB 段。随后经过一个绝热过程，沿两相平衡线从 M 点（p，T）移动到 N 点（$p-\Delta p$，$T-\Delta T$），在 $p-V$ 图上为 BC 段；在等温等压条件下由气相转变为液相，即 $p-V$ 图上 CD 段，最后经过一个绝热过程由 N 态回到初态 M，即 $p-V$ 图上 DA 段，完成一个循环。

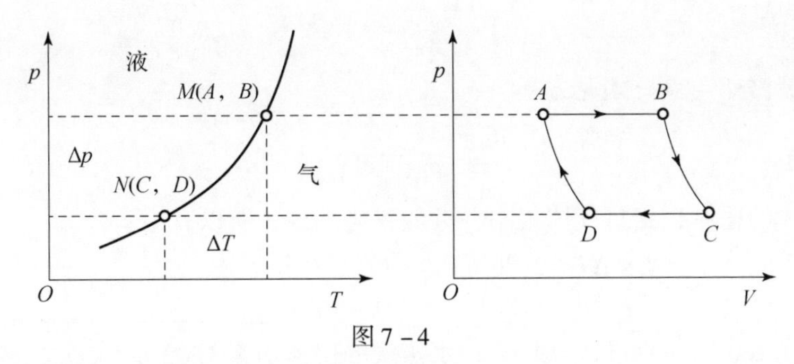

图 7－4

在该循环过程中，液相转变为气相从高温热源吸热 $Q_1=L=ml$，式中，l 为汽化热。由于 Δp 和 ΔT 很小，$ABCD$ 可看作平行四边形，整个循环过程中对外界所做的净功就等于平行四边形的面积。将 $ABCD$ 循环近似看作一个微卡诺循环，则效率为

$$\eta=1-\frac{T-\Delta T}{T}=\frac{\Delta T}{T}=\frac{W}{Q_1}$$

$$\begin{cases}W=\Delta V\cdot\Delta p=(V_{气}-V_{液})\Delta p\\Q_1=L\end{cases}$$

所以

$$\eta=\frac{\Delta T}{T}=\frac{\Delta p\cdot(V_{气}-V_{液})}{L}$$

从而得到克劳修斯－克拉珀龙方程

$$\frac{\mathrm{d}p}{\mathrm{d}T}\approx\frac{\Delta p}{\Delta T}=\frac{L}{T(V_{气}-V_{液})}=\frac{l}{T(V_{气}-V_{液})}$$

7.10 要使冰的熔点降低 1 ℃，需要施加多大的压力？已知冰的熔化热 $l_m=3.34\times10^5$ J/kg，冰的比体积为 1.0905×10^{-3} m³/kg，水的比体积为 1.000×10^{-3} m³/kg。

【解】

根据克劳修斯－克拉珀龙方程

$$\frac{\mathrm{d}p}{\mathrm{d}T}=\frac{l}{T(V_1-V_2)}$$

式中，l 为摩尔熔化热；T 为熔点；V_1 和 V_2 分别为水和冰的比体积。

当熔点降低 1 ℃，即 $\Delta T=-1$ K 时，需要增大压强为

$$\begin{aligned}\Delta p&=\frac{l}{T(V_1-V_2)}\cdot\Delta T\\&=\frac{3.34\times10^5\times(-1)}{273.15\times(1.000-1.0905)\times10^{-3}}\\&=1.35\times10^7\ (\text{Pa})\end{aligned}$$

外界总压强为

$$p=p_0+\Delta p=1.01\times10^5+1.35\times10^7=1.36\times10^7\ (\text{Pa})$$

7.11 已知压强为 98 kPa 时，水的沸点为 99.1 ℃。100 ℃时水的汽化热 $L=2.26\times10^6$ J/kg。求 100 ℃、标准大气压 101 kPa 下水蒸气的比体积。

【解】

根据克劳修斯－克拉珀龙方程

$$\frac{\mathrm{d}p}{\mathrm{d}T}=\frac{l}{T(V_{气}-V_{液})}$$

由于液体的比体积相对气体很小，近似忽略不计，所以有

$$V_{气}=\frac{L\times\Delta T}{T\times\Delta p}=\frac{2.26\times10^{6}\times(-0.9)}{373.15\times(-3\times10^{3})}=1.82\ (\mathrm{m^{3}/kg})$$

因此，在 100 ℃、标准大气压下，水蒸气的比体积为 1.82 $\mathrm{m^{3}/kg}$。

7.12 证明 1 mol 物质相变时内能的变化为

$$\Delta u=l\left[1-\frac{\mathrm{d}(\ln T)}{\mathrm{d}(\ln p)}\right]$$

如果一相是气相，可看作理想气体，一相是凝聚相，试将公式化简。

【证明】

物质从一相转变为另一相时，根据热力学第一定律，摩尔内能 u、摩尔焓变 h 和摩尔体积 V 的改变满足

$$\Delta u=\Delta h-p\Delta V \tag{1}$$

式中，摩尔焓变即为摩尔相变潜热

$$\Delta h=l$$

根据克劳修斯－克拉珀龙方程$\frac{\mathrm{d}p}{\mathrm{d}T}=\frac{l}{T\Delta V}$，可知

$$\Delta V=\frac{l}{T}\frac{\mathrm{d}T}{\mathrm{d}p} \tag{2}$$

将式（2）代入式（1），得到

$$\Delta u=l\left(1-\frac{p}{T}\frac{\mathrm{d}T}{\mathrm{d}p}\right) \tag{3}$$

式（3）可以进一步写为

$$\Delta u=u_{2}-u_{1}=l\left[1-\frac{\mathrm{d}(\ln T)}{\mathrm{d}(\ln p)}\right]$$

证毕。

由于一相为气体，近似看作理想气体，另一相为液体，因此 $\Delta V\approx V_{g}$。根据理想气体状态方程以及式（2），得到

$$\frac{p\mathrm{d}T}{T\mathrm{d}p}=\frac{RT}{l}$$

于是，式（3）可进一步写为

$$\Delta u=l\left(1-\frac{RT}{l}\right)=l-RT$$

7.13 蒸气与液相达到平衡，以 $\mathrm{d}V/\mathrm{d}T$ 表示在维持两相平衡条件下，蒸气摩尔体积随温度的变化率。将蒸气近似看作理想气体，l 为摩尔相变潜热。试证明蒸气的两相平衡膨胀系数为

$$\frac{1}{V}\frac{dV}{dT}=\frac{1}{T}\left(1-\frac{l}{RT}\right)$$

【证明】

假设蒸气 α 相与其液相 β 两相共存，则由克劳修斯－克拉珀龙方程

$$\frac{dp}{dT}=\frac{l}{T(V_\alpha-V_\beta)}$$

认为气相比体积远大于固相比体积，因此上式可写为

$$\frac{dp}{dT}=\frac{l}{TV_\alpha}=\frac{l}{TV}$$

将理想气体物态方程 $pV=RT$ 全微分，得到

$$p\mathrm{d}V+V\mathrm{d}p=R\mathrm{d}T$$

所以

$$\frac{dV}{dT}=\frac{1}{p}\left(R-V\frac{dp}{dT}\right)$$

则

$$\begin{aligned}\frac{1}{V}\frac{dV}{dT}&=\frac{1}{pV}\left(R-V\frac{dp}{dT}\right)\\&=\frac{1}{RT}\left(R-V\frac{l}{TV}\right)\\&=\frac{1}{T}\left(1-\frac{l}{RT}\right)\end{aligned}$$

证毕。

7.14　在三相点附近。固态氨的蒸气压方程为

$$\ln p=27.92-\frac{3\ 754}{T}\ \text{（SI 单位）}$$

液态氨的蒸气压方程为

$$\ln p=24.38-\frac{3\ 063}{T}\ \text{（SI 单位）}$$

求：

（1）氨三相点的温度和压强。

（2）氨的汽化热、升华热和熔化热。

【解】

（1）在三相点处，气、液、固三相平衡，故求解以下联立方程，得三相点处的压强及温度为

$$\begin{cases}\ln p=27.92-\dfrac{3\ 754}{T}\\[2mm]\ln p=24.38-\dfrac{3\ 063}{T}\end{cases}$$

解得

$$T=195.20\ \text{K},\ p=5\ 943.2\ \text{Pa}$$

（2）当把氨气作为理想气体处理，汽化热作为常量时，蒸气压方程为

$$\ln p = -\frac{l_1}{RT} + C_1$$

式中，l_1 为摩尔汽化热；C_1 为常量。

同理，固态物质的蒸气压方程也存在类似的形式，即

$$\ln p = -\frac{l_2}{RT} + C_2$$

式中，l_2 为摩尔升华热；C_2 为常量。

上述两个公式与本题中已知的两个蒸气压方程相对比，可得

$$\frac{l_1}{RT} = \frac{3\ 063}{T},\quad \frac{l_2}{RT} = \frac{3\ 754}{T}$$

所以，氨的汽化热、升华热分别为

$$l_1 = 3\ 063 \times 8.31\ \text{J/mol} = 2.55 \times 10^4\ \text{J/mol}$$

$$l_2 = 3\ 754 \times 8.31\ \text{J/mol} = 3.12 \times 10^4\ \text{J/mol}$$

在三相点处，升华热等于汽化热与熔化热之和，所以，熔化热为

$$l_3 = l_2 - l_1 = 5.7 \times 10^3\ \text{J/mol}$$

7.15 证明摩尔相变潜热 l 为

$$l = T(S_m^\beta - S_m^\alpha) = H_m^\beta - H_m^\alpha$$

式中，$S_m^{\alpha,\beta}$ 和 $H_m^{\alpha,\beta}$ 分别为 α 和 β 两相的摩尔熵和摩尔焓。

【证明】

当两相处于热平衡时，两相的温度相等，即

$$T^\alpha = T^\beta = T$$

当物质在平衡温度下从 α 相转变到 β 相时，相变潜热为

$$l = T(S_m^\beta - S_m^\alpha)$$

两相平衡时，两相的化学势也应相等，即

$$\mu^\alpha(T, p^\alpha) = \mu^\beta(T, p^\beta)$$

根据化学势的定义

$$\mu = U_m - TS_m + pV_m$$

即

$$U_m^\alpha - TS_m^\alpha + pV_m^\alpha = U_m^\beta - TS_m^\beta + pV_m^\beta$$

因此，有

$$l = T(S_m^\beta - S_m^\alpha) = U_m^\beta + pV_m^\beta - (U_m^\alpha + pV_m^\alpha) = H_m^\beta - H_m^\alpha$$

证毕。

7.16 设气体遵循下列状态方程（Dieterici 方程）

$$p(V - b) = RT\mathrm{e}^{-\frac{a}{RTV}}$$

求临界点处 pV/RT 的值，保留两位有效数字。

【解】

临界点满足

$$\left(\frac{\partial p}{\partial V}\right)_T=\left(\frac{\partial^2 p}{\partial V^2}\right)_T=0$$

利用状态方程

$$p=\frac{RT\mathrm{e}^{-\frac{a}{RTV}}}{V-b}$$

得

$$\left(\frac{\partial p}{\partial V}\right)_T=RT\mathrm{e}^{-\frac{a}{RTV}}\frac{\frac{a(V-b)}{RTV^2}-1}{(V-b)^2}$$

所以

$$\frac{a(V-b)}{RTV^2}=1$$

同理求二次导数，并注意应用上式结论，得

$$\left(\frac{\partial^2 p}{\partial V^2}\right)_T=\frac{a}{(V-b)^2V^2}\mathrm{e}^{-\frac{a}{RTV}}\left(\frac{2b}{V}-1\right)=0$$

于是有

$$V=2b$$

结合一阶导数为 0 的结果可得

$$RT=\frac{a}{4b}$$

代入状态方程，得

$$\frac{pV}{RT}=2\mathrm{e}^{-2}=0.27$$

7.17　某种气体具有压强 p、摩尔体积 V 和温度 T，其临界点有压强 p_c、摩尔体积 V_c 和温度 T_c。定义约化压强 p_R、约化摩尔体积 V_R 和约化温度 T_R 分别为

$$p_R=\frac{p}{p_c}$$

$$V_R=\frac{V}{V_c}$$

$$T_R=\frac{T}{T_c}$$

（1）证明：以约化量表述的范氏气体方程形式为

$$\left(p_R+\frac{3}{V_R^2}\right)\left(V_R-\frac{1}{3}\right)=\frac{8}{3}T_R$$

此时，方程不再显含材料依赖的参数 a 和 b。因此，具有相同 3 个约化量的所有气体在范氏方程表述下都是等价的。这就是由范德瓦尔斯最先发现的普遍相似原理。

（2）画出在 $T=\frac{1}{2}T_c$，$T=T_c$，$T=2T_c$ 3 种条件下 p_R 作为 V_R 的函数图像。

（3）若在特定的 T_R 和 p_R 时，有 3 个对应的 V_R 解，在物理上有什么含义？

【证明】

（1）已知范氏气体方程

$$\left(p+\frac{a}{V^2}\right)(V-b)=RT$$

临界点满足条件

$$\left(\frac{\partial p}{\partial V}\right)_T=\left(\frac{\partial^2 p}{\partial V^2}\right)_T=0$$

代入范氏方程可求得

$$\begin{cases}\left(\dfrac{\partial p}{\partial V}\right)=-\dfrac{RT}{(V-b)^2}+\dfrac{2a}{V^3}=0\\ \left(\dfrac{\partial^2 p}{\partial V^2}\right)=\dfrac{2RT}{(V-b)^3}-\dfrac{6a}{V^4}=0\end{cases}$$

所以可求得临界点状态参量为

$$p_c=\frac{a}{27b^2},\ V_c=3b,\ T_c=\frac{8a}{27Rb}$$

可得

$$p=p_Rp_c=\frac{a}{27b^2}p_R,\ V=V_RV_c=3bV_R,\ T=T_RT_c=\frac{8a}{27Rb}T_R$$

代入范氏气体方程，即

$$\left(p+\frac{a}{V^2}\right)(V-b)=\left(\frac{a}{27b^2}p_R+\frac{a}{9b^2V_R^2}\right)(3bV_R-b)=RT_R\frac{8a}{27Rb}$$

对上式整理即可得到

$$\left(p_R+\frac{3}{V_R^2}\right)\left(V_R-\frac{1}{3}\right)=\frac{8}{3}T_R$$

证毕。

（2）由

$$T=\frac{1}{2}T_c,\ T=T_c,\ T=2T_c$$

可得

$$T_R=\frac{1}{2},\ T_R=1,\ T_R=2$$

即 3 个函数方程为

$$\left(p_R+\frac{3}{V_R^2}\right)\left(V_R-\frac{1}{3}\right)=\frac{4}{3}\Rightarrow p_R=\frac{4}{3V_R-1}-\frac{3}{V_R^2}$$

$$\left(p_R+\frac{3}{V_R^2}\right)\left(V_R-\frac{1}{3}\right)=\frac{8}{3}\Rightarrow p_R=\frac{8}{3V_R-1}-\frac{3}{V_R^2}$$

$$\left(p_R+\frac{3}{V_R^2}\right)\left(V_R-\frac{1}{3}\right)=\frac{16}{3}\Rightarrow p_R=\frac{16}{3V_R-1}-\frac{3}{V_R^2}$$

函数图像如图 7 - 5 所示。

(3) 此时意味着范氏气体等温线处于临界温度曲线下方，具有 3 个特征区域，分别对应过热液体和过饱和气体 2 个亚稳态，以及一个随着体积增大压强也增大的不满足热力学平衡条件的实际上并不存在的状态区间。

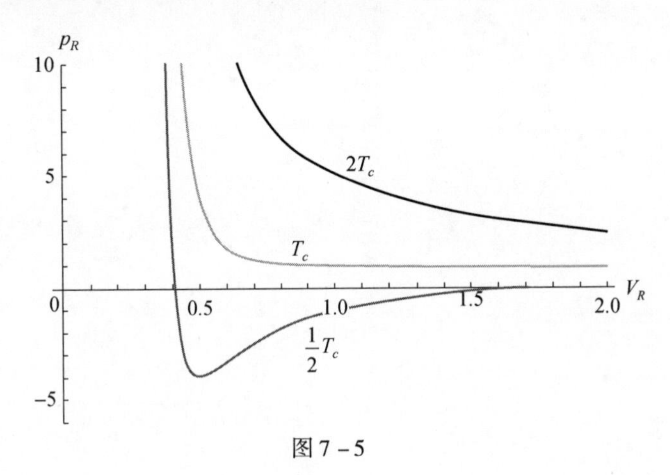

图 7 - 5